Design control for the medical device industry

医疗器械设计开发控制手册

（第 3 版）

［美］玛丽·B. 特谢拉 **著**
Marie B. Teixeira

卫根学　潘孔荣　张进进　**主译**

世界图书出版公司

上海·西安·北京·广州

图书在版编目（CIP）数据

医疗器械设计开发控制手册／（美）玛丽·B.特谢拉著；卫根学，潘孔荣，张进进译. —上海：上海世界图书出版公司，2023.2（2024.12重印）
ISBN 978-7-5192-9150-1

Ⅰ.①医… Ⅱ.①玛… ②卫… ③潘… ④张… Ⅲ.①医疗器械—产品设计—手册②医疗器械—产品开发—手册 Ⅳ.①TH77-62

中国版本图书馆 CIP 数据核字（2022）第 242458 号

Design Controls for the Medical Device Industry, Third Edition / by Marie B. Teixeira /
ISBN：978-0-8153-6552-5

书　　名	医疗器械设计开发控制手册	
	Yiliao Qixie Sheji Kaifa Kongzhi Shouce	
著　　者	〔美〕玛丽·B.特谢拉	
主　　译	卫根学　潘孔荣　张进进	
责任编辑	芮晴舟	
出版发行	上海世界图书出版公司	
地　　址	上海市广中路 88 号 9-10 楼	
邮　　编	200083	
网　　址	http://www.wpcsh.com	
经　　销	新华书店	
印　　刷	杭州锦鸿数码印刷有限公司	
开　　本	787mm×1092mm　1/16	
印　　张	15	
字　　数	300 千字	
印　　数	3501-4100	
版　　次	2023 年 2 月第 1 版　2024 年 12 月第 4 次印刷	
版权登记	图字 09-2022-0131 号	
书　　号	ISBN 978-7-5192-9150-1/ T·231	
定　　价	218.00 元	

版权所有　翻印必究
如发现印装质量问题，请与印刷厂联系
（质检科电话：0571-88855633）

译者名单

主　译　卫根学　潘孔荣　张进进

译　者　（以姓氏拼音为序）

鲍庆玲　陈新蕾　储云高　官　辉　黎梅兰

李　宁　骆靓鉴　马国芳　潘孔荣　田　升

卫根学　杨媛媛　张进进　赵武杰　周国英

原著作者介绍

　　玛丽·B. 特谢拉是佛罗里达州敖德萨市 QA/RA 合规咨询公司的创始人和首席顾问。QARACC 是一家世界级的咨询公司,在全球质量管理和法规事务等各个方面为客户提供专家指导。在她的指导下,其客户获得了 ISO 9001、ISO 13485、CE 和 MDSAP 认证,并获得了国际上的医疗器械监管许可。

　　在此之前,她曾担任 Bioderm 股份有限公司的质量保证和法规事务总监。这是一家位于佛罗里达州坦帕湾的初创医疗设备公司,在那里,她为该公司设计、指导和实施了质量管理体系的政策和程序,使得该公司各环节符合全球的监管要求。

　　特谢拉女士还曾担任 Smith & Nephew 公司位于佛罗里达州 Largo 的创伤管理部门的法规事务质量系统经理。除了指导 Smith & Nephew 的 ISO 13485、FDA GMP 和 MDD 93/42/EEC 法规的规划、开发和实施外,她还实施和指导了公司的内部审核程序和管理评审系统。正是在她的指导下,Smith & Nephew 的伤口管理部门在不到一年的时间里获得了 ISO 认证,并在一年后获得了 MDD 认证。

　　特谢拉女士的职业生涯始于雷神公司(Raytheon)、GTE 政府系统公司(GTE Government Systems)和 Sparton Electronics 的质量工程师。在这些公司任职期间,她负责建立和实施质量保证计划和程序,领导供应商和客户审核,开发和执行质量体系和审核员培训,发起和管理纠正预防措施的制定,以及开发和实施供应商审核程序。在她任职 Sparton 期间,她领导团队通过初始的 ISO 认证和日常的监督审核。

　　玛丽·B. 特谢拉拥有马萨诸塞大学阿姆赫斯特分校的工业工程和运筹学学士学位。她是美国质量学会(ASQ)的成员,是经 ASQ 认证的质量经理和质量工程师,以及全球首席审核师模范。特谢拉女士也是国际标准工作小组 CEN/TC257/SC - DETG10 的活跃成员,该工作小组的目标是使医疗器械命名法标准化。最近出版了《医疗器械设计开发控制手册》一书的第 3 版。她还出版过许多与质量体系有关的 CD - ROM 培训模块和有关的资料手册,并举办过多次质量体系培训研讨会。

专家推荐

为保证生产医疗器械产品的安全、有效和质量可控，医疗器械产品全生命周期有严格的法规要求。设计开发控制总结了医疗器械产品设计过程中的经验、法规和标准的要求，是设计过程控制的系统方法论，从而保证最终产品的安全、有效和质量可控。国内医疗器械行业蓬勃发展，涌现出大量新兴的医疗器械企业，医疗器械从业者不仅需要钻研如何做出优秀的医疗器械产品，同时，也需要不断学习和借鉴国际的先进的过程方法和实践经验，这本《医疗器械设计开发控制手册》，恰好是这方面的总结，能为更多医疗器械企业提供实用的方法和案例，值得医疗器械从业者参考和借鉴。

李勇　上海微创医疗器械（集团）有限公司品质部前高级副总裁

伴随着国家创新驱动战略的实施和相关政策的落地，医学创新备受关注。医学科技成果转化过程复杂，特别是在产品研发过程中，研发人员并不能全面覆盖临床需求、法规、体系、验证、工程化、量产化的整体要求，存在短板效应。这本书从设计开发控制着手，从源头规避风险，帮助实现从 0 到 1 的第一步。

张峰　奥咨达医疗器械产业集团董事长

千淘万漉虽辛苦，吹尽狂沙始到金，这是一个西北汉子的坚持。在这个内卷严重，几乎所有人都在向前奔波的时代，卫老师沉淀了下来，完成了这部佳作的译制工作。我相信这既是对他自己十多年来工作时光的回答，也是他对医疗器械行业的回馈。众所周知的，医疗器械的设计控制是良好产品实践的前提，时间不歇，技术不休，如果你半夜醒来发现自己已经好长时间没有充电，那么请你不要急着焦虑，翻开这本书，阅读它，让作者的经验变成自己的经验，让译者的精神变成自己的激励。

刘重生　中国医疗器械行业协会数字疗法专委会秘书长

卫老师用爱践行对行业真挚之心,将自己的所学悉心梳理,用厚如黄土的深情奉献着对行业、对医疗器械产业的真知灼见;这本书的翻译对医疗器械从业者的正向引导对于热爱这份事业的每一个人必将产生深远的影响。本书对研发立项与产品转化、合规注册申报以及上市后的法规风险等内容给出了清晰的路径。期待更多富有经验的医疗器械从业者加入对新入行同仁的指导中,提高产业化标准、培养技术法规与产业化的新秀服务于行业,共筑健康生活,如同卫老师一样执着、严谨地往前。

陈瑜　深圳市坪山区医药产业发展协会　会长

本书按照当前行业的实践发展探讨了最新的设计控制要求以及常用的工具和技术应用。它有助于企业根据法规和标准制定有效的设计控制计划,清晰地策划具体各个设计阶段活动的要求,包括输入、输出、评审、验证、确认、变更、转换和设计文档管理,并以风险管理为基础,探讨了包括人因工程和可用性、生物相容性,以及主流市场的医疗器械法规和各自分类下的相应控制,并提供了实用性的建议、方法和附录等参考资料,以帮助企业有效地实施合规的设计开发控制。

王旭辉　启园信息科技(上海)有限公司　总经理

医疗器械的设计对产品和行业的发展至关重要,医疗器械设计的控制也是满足法规要求的重要内容。希望本书能帮助更多的医疗器械从业者学习标准和法规对设计控制的要求,了解行业最佳实践。本书对提升医疗器械的质量和合规,有很好的借鉴作用。

计利方　医疗器械行业知名资深专家

万事开头难,设计开发作为医疗器械生产型企业成立时最早投入的环节,是企业未来发展潜力的决定性因素。识别临床痛点,策划产品生命周期,定位市场圈层,各阶段风险管理,提高企业竞争力,专业有效的评审……这本书将帮你大大提高对设计开发的认知,提高效率,减少弯路,为行业研发、质量、合规人员提供基础的理念和知识体系。好的开始是成功的一半,期待更多更好的创新医疗器械,能通过这本前人总结优化的设计开发管理经验,持续为患者服务。

施小立　深圳核心医疗器械有限公司　副总经理

随着最新版《医疗器械监督管理条例》的公布,监管政策遵从国际视野、科学监管等原则,而医疗产业技术产业创新发展不断,医疗器械研发、质量和注册人员也应寻求新的工具和手段,通过系统化流程来提升企业研发效率、降低合规风险。《医疗器械设计开发控制手册》译著的出版适当其时,本书全面介绍了医疗器械研发各阶段管理全貌,贴切当前主流监管区域法规要求,各种案例和管理原则可以应对多种复杂业务场景,能开拓从业人员专业管理思维。

汪新兵　深圳迈瑞生物医疗电子股份有限公司　法规总监

质量源于设计,合规始于注册。医疗器械的设计开发和注册上市是医疗器械质量管理的核心内容,是确保医疗器械持续安全有效的重要保障,越来越受到监管层的重视,同时也成为企业的合规挑战。这本《医疗器械设计开发控制手册》对医疗器械的设计开发和注册上市工作给出了详细的指引,覆盖医疗器械的产品策划、需求分析、设计开发、风险管理等环节,可为企业建立实施和优化医疗器械研发质量管理体系、提升人员素养及运行水平提供极大的帮助。

李弘　医疗器械知名专家　医疗人咖啡知名医疗媒体人

好的产品是设计出来的。本书基于美国食品药品监督管理局(FDA)质量体系法规中对医疗器械设计开发过程的控制要求,结合贴近实际的丰富举例,深入浅出地诠释了如何用科学和系统化的方法对一个医疗器械的设计开发全过程的各个环节进行高质量管理,从而使患者因之最大程度地受益。

马国芳　赛诺微医疗科技有限公司　质量法规总监

为什么产品上市后不能很好地满足客户的预期?根本原因有两个:一是制造过程的输入有误;二是制造过程的控制失效。而这两者都依赖于严格受控的设计开发过程来保证,因此,设计开发的管理是质量管理的重中之重,是质量体系工作首先要解决的问题。

付宏涛　深圳市卓远天成咨询有限公司　总经理

本书从医疗器械质量管理体系法规和标准符合性要求的角度,全面细致地阐述了医疗器械设计开发各阶段的核心要点,并结合实践经验提供了非常实用的方法、工具和文件模板,供大家参考。希望能够帮助医疗器械企业顺利开展产品设计开发过程的管理,使设计开发控制更好地满足医疗器械监管要求,进而促进医疗器械行业的发展。

杨媛媛　医疗器械知名 RA 资深人士

跟本书译者卫根学相识近二十年,佩服他的勤勉、好学、善思、分享。从《医疗器械黄宝书》到这本《医疗器械设计开发控制手册》,仍能保持为中国医疗器械产业发展略尽绵薄之力的初心。本书既有医疗器械设计开发知识的广度和深度,更难能可贵的是通俗易懂,适合医疗器械从业者各个层次的人员阅读。相信此书的出版,必将为我国医疗器械产业的发展提供有益帮助!

梅享林　湖北省医疗器械质量监督检验研究院　副院长

设计开发是医疗器械产品生命周期的起始,产品的安全有效始于设计输入,完善于评审迭代,固化于设计输出文档,适合自身产品的设计开发控制流程可以有效提升产品质量,维持企业的持久竞争力。

官辉　高级工程师　四川省医器械检测中心有源器械检验所　所长

本书内容充实,覆盖了医疗器械产品开发过程所涉及的所有环节,同时包含了风险管理、生物相容性等产品设计开发过程中可能涉及的一些专业领域知识;本书理论和实践相结合,理论方面介绍了医疗器械法规对设计开发过程的要求,同时结合实践提供了很多举例、图示、表单样例,让读者易懂易学易用。本书可作为国内从事医疗器械产品设计开发、质量管理体系、产品注册、产品检验等人员的入门专著和常用指导手册,也可以作为有志于从事医疗器械行业的各类人员的学习用书。感谢译者给我们带来这一医疗器械行业的专著,填补国内医疗器械设计开发理论和实践相结合的空缺。

史国齐　武汉致众科技股份有限公司

医疗器械产品是否能合规地顺利上市,产品设计开发阶段就尤为重要。书如其名,本书系统全面地讲解了医疗器械产品从策划、设计输入/输出、产品验证/确认等整个设计开发过程的基本要点,同时针对如何建立历史记录文档进行了详细讲解,非常有启发性和可操作性,让企业颇为受益。

游一捷　医疗器械知名资深专家
葵美医疗器械技术咨询有限公司　总经理

设计开发是确保医疗器械安全性和有效性的重要内容,也是新产品首次注册体系考核的重点和难点。我国的医疗器械质量管理体系是借鉴国际标准 ISO 13485 建立的,因此卫根学先生等人翻译的这本书对我国的医疗器械从业者也是具有非常强的针对性,书中的许多章节与我们常用的设计开发步骤几乎完全相同。

这是一本不可多得的好书，不管是对刚入道的行业新人，还是从业多年的行业达人，应该都能读出知识、读出经验、读出智慧。希望能如你所愿！

曹文灵　博士　资深研发注册专家

多年和各国药监局打交道的经验告诉我，设计控制是各国监管机构都很看重的一个环节。设计控制如何贯穿于医疗器械的全生命周期，对每一家医疗器械厂家来说都至关重要。本书详细介绍了产品设计控制过程中各个环节的要求，同时也融入了 FDA 现场审核的理念，希望本书可以帮助企业提高产品设计开发效率，提升产品质量，同时也让企业从容面对各国监管部门的现场审核。

李忠　上海逸思医疗　法规事务高级总监

医疗器械设计开发控制不仅仅是为了满足合规的要求来保证产品的安全和有效，同时也是保证研发的产品在市场上更有竞争力的基础。设计开发控制既是新医疗器械产品生命周期重要的开始阶段，同时又贯穿于医疗器械产品的整个生命周期。本书从实际应用的角度阐述了设计开发控制的要求，提供了实用的工具和相关技术以帮助大家理解和满足要求。很高兴能看到专业睿智的译者们将这本专业的英文原著引进翻译过来，有助于国内医疗器械的质量法规人员，设计开发项目管理人员，以及研发工程师，生产工艺工程师等理解并将设计开发控制的理念融会贯通于设计开发的实践当中去，更好地研发出安全、有效、在市场上更有竞争力的医疗器械产品！

徐德芳　碧迪医疗公司　泛亚洲区质量体系审核及合规副总监

读完《医疗器械设计开发控制手册》，豁然开朗，这是一本可供随时翻阅的医疗器械从业者工作手册。能遇到这么一本行业好书，或许就是缘分吧。感恩，遇见，相知。

鲍庆玲　医疗器械资深法规经理

设计开发控制(Design control)是医疗器械从业者永恒的话题。如何能够实现合规和高质量的过程控制，这本书从 what，why，how 三方面给出了非常系统的答案以及一众实用模版及工具。非常感谢优秀的同仁把这本书引进中国，并翻译成中文，为国内众多的从业人士提供一本实用工具书。好书相伴，常读常新，为帮助更多人的健康生活尽一份力！

迟爽　知名医疗器械外企　中国区高级研发总监

2021年底,由工信部、药品监督等十部门联合印发的《"十四五"医疗装备产业发展规划》明确提出:"到2025年,医疗装备产业基础高级化,产业链现代化水平明显提升。到2035年,医疗装备的研发、制造、应用提升到世界先进水平。"这一战略目标的实现,离不开大量具有专业素质的人才。在医疗器械行业人才中,真正对于产品的设计开发流程有深入系统了解的人才并不多,设计开发流程不仅仅针对研发和质量相关人员,从临床、注册到生产制造和市场营销,各个环节各个职能部门的人员都应对这个行业的核心流程有一定程度的专业认知。本书对医疗器械的设计开发流程进行了系统全面的梳理和解读,深入浅出,有的放矢,结合实际情境和案例,有助于读者对医疗器械设计开发形成系统专业的认知。

刘涛　归创通桥医疗科技股份有限公司　法规事务副总裁

我们都有共识,医疗器械产品质量是设计出来的。这就要求企业应对产品设计和开发全过程的相关活动进行程序性规定和运用。卫根学老师和业内的资深同仁们牵头翻译的《医疗器械设计开发控制手册》填补了这一领域的空白,是研发、质量体系、技术法规人员一部不可多得的实用工具书。它诠释了合规性是医疗器械产品设计开发活动的重中之重这一精髓。

谭传斌　深圳迈瑞生物医疗电子股份有限公司　合规经理

设计控制在国内医疗器械企业一直是个容易被忽视的存在,但却是医疗器械开发过程中不可或缺的一部分。如何更好地识别上层需求?如何将上层需求转化成技术规范?这些设计控制的步骤和理念对于开发一个高质量的医疗器械至关重要。在国内大多数医疗器械企业忽视设计控制的时候,很高兴看到卫老师仍在艰难但却正确的道路上砥砺前行。这本译著让我看到了医疗器械从业者的初心。愿更多的医疗器械从业者能细心研读这本呕心沥血之作,愿中国的医疗器械行业能摒弃浮躁,回归本心,为国民的健康开发出更多创新而高质量的医疗器械!

郝霞　齐聚医疗科技(上海)有限公司　品质注册临床副总

任何一个监管机构在审评审批一款医疗器械时,其关注的重点必然是产品的安全性、有效性和质量可控性。此外,一款医疗器械上市后的核心竞争力归根结底也无外乎这三点。虽说影响因素众多,但是作为医疗器械全生命周期第一步的设计开发过程,它对产品安全性、有效性和质量可控性的影响也是最直接、最根本的。本手册全面地梳理了医疗器械设计开发过程,理论知识结合实践经验,深入浅出,娓娓道来,读起来有种豁然开朗的通透感。无论对于行业新人建立设计开发系统性思维,还是作为职场老兵温故而知新的工具,本手册都不失为一本"行业宝典"!

许斌　知名医疗器械外企　质量总监

健全和完善的医疗器械设计控制流程可以保证交付高质量且符合法规要求的产品,并能实现产品快速上市。这本中文译本的出版为中国医疗器械行业提供了国际同行的实践的参考。

骆靓鉴　美敦力大中华区高级质量经理

推荐序

医疗器械是事关人们生命安全和身体健康的医疗产品之一,在"健康中国"这一伟大目标的实现过程中不可或缺。在我国医疗器械行业发展从小到大的历程中,普通医疗器械早已深入千家万户,高端医疗器械更已成为"国之重器",代表着一个国家在医工结合上的综合实力和前沿水平。由此观之,医疗器械的设计开发小则关系到产品研发过程,大则关系到国家的科技形象,容不得半点马虎!

在我国,医疗器械研发合规的理念还没有深入人心,医疗器械研发的工程学思维还没有转变为合规的管理学思维。这一方面,是因为医疗器械研发与管理在实践中的脱节,很多医疗器械企业更为关注医疗器械性能与预期用途的实现,但却忽略了在源头上对产品研发合规的管理;另一方面,是因为我国医疗器械教育与培训在人才培养与医疗器械管理类专业严重不足,相关医疗器械研发人员在合规管理方面的知识结构缺失。在这种背景下,医疗器械研发人员往往不能在研发过程中贯彻落实医疗器械监管部门对研发合规的要求,不能用医疗器械监管部门能够理解的方式展开研发。这种情形轻则导致医疗器械注册申报资料需要反复修改、上市进度受阻,重则导致医疗器械技术成果转化失败、巨额研发资金付之东流。因此,这也是广大医疗器械研发人员和研究机构应予关注的关键问题。

2021年10月我国修订实施的《医疗器械注册与备案管理办法》在第三章"医疗器械注册"中专门加了一节"产品研制",对医疗器械产品研制提出了具体的要求,契合了医疗器械研发合规的重要性。它首次提出要将风险管理作为医疗器械研制的基本原则,而且强调了医疗器械研制要根据产品适用范围和技术特征开展医疗器械非临床研究。此外,在我国先后于2009年、2015年实施的《医疗器械生产质量管理规范》都规定了医疗器械设计输入、输出、评审及其验证的内容。尽管该规范从生产质量管理体系构建与运行的角度早就提出了相关要求,但《医疗器械注册与备案管理办法》从产品注册与备案上市的角度提出产品研制要求,对医疗器械研发机构、研发人员顺利完成技术成果转化更有直接的影响。

当前,以追求科学监管为目标的医疗器械监管科学在我国方兴未艾,很多困扰我国医疗器械发展的问题还没有从根本上解决。监管科学肩负着为医疗器械全生命周期监管提供解决问题"钥匙"的重任,其发展有赖于一大批从事医疗器械研发设计的专业人士参与其中。不论是医疗器械研发设计的合规,还是生产经营的合规,都在监管科学的研究范畴之中,任何有助于监管科学发展的工作都是值得肯定和推崇。

有鉴于此,卫根学先生组织相关人士翻译的《医疗器械设计开发控制手册》不仅十分及时,而且具有很强的现实意义。尽管是一本国外文献的译著,但"他山之石,可以攻玉"。在我国相关参考资料缺失的情形下,不失为一本可以值得借鉴和研读的好读物。本书层次清晰,结构合理,由表及里逐渐阐述了医疗器械研发设计主要环节的实践经验,可以给予读者更多的思考和启发。大多数医疗器械属于技术密集型产品,多学科的交叉特性加大了研发合规的难度。广大医疗器械研发机构与研发人员只有秉持"纸上得来终觉浅,绝知此事要躬行"的知行合一精神,才能走好技术成果转化的第一步,为我国医疗器械技术赶超国际先进水平做出自己的贡献!

提笔作序,脑海里浮现着在新冠肺炎疫情下"大白们"忙碌的情景,也想起上海这座中国经济第一城在新冠肺炎疫情肆虐下的坚韧和抗争。发展医疗器械、提升技术水平,成为很多医疗器械行业人士在经历新冠肺炎疫情之后形成的宝贵共识。疫情给了我们一个警醒和提示,那就是,从医疗器械的产品安全之治到产业安全之治,仍然是我们应对突发公共卫生事件应该思考的重大课题!

愿天下无"疫",安全无虞!

是为序!

我国首个医疗产品管理专业创始人

2022 年 6 月于沪

译者序

　　2014年以来，随着我国医疗器械行业的快速发展，国内《医疗器械生产质量管理规范》及其附录和现场检查指导原则对医疗器械设计开发的合规性和设计开发控制也提出了更高的要求。与此同时，国家一直鼓励和提倡医疗器械行业创新创造，从模仿和跟随、逐步跨越到创新研发，提升产品的科技含量和原创竞争力，进行产业升级。医疗器械设计开发相关话题，持续成为行业热门话题。

　　目前医疗器械行业的标准和法规，都在不同程度上对设计开发提出了要求。尽管在实践环节，仁者见仁，智者见智，但对"产品是设计出来的"这个认识达成了共识。能将不同目标市场法规要求讲解清楚的行业专家很多，但能系统讲解清楚"医疗器械是如何进行设计开发过程控制"这一问题的却不多。可谓行业人才还是非常紧缺的。我们急需学习优秀的医疗器械行业设计开发思维和实践经验。

　　我从事医疗器械行业近20年，对设计开发的认知也是一点一滴逐步积累的，再通过日常工作实践，不断提升的。《医疗器械设计开发控制手册》（第3版）原著是这么多年来，一本让我遇到就惊艳，更是让我欣喜若狂的专业著作，我逐字逐句精读了不下三遍。原作者玛丽·B.特谢拉（Marie B. Teixeira）不仅在医疗器械创业公司工作过，也在知名医疗器械企业公司工作过，更重要的是能将自己工作实践进行总结沉淀，并通过咨询服务业务进一步验证，将毕生的经验不断完善，沉淀出来这本书。本书语言通俗易懂，内容非常接地气，还附录了很多的表格和模板，特别实用。这本书的内容于我从业于医疗器械行业而言，无疑是非常有价值的。当我从头到尾研读完几遍后，我突然明白了，它的内容不只是给我看的，也是给所有医疗器械从业者看的，特别是从事研发设计、质量控制的专业人士。原因在于，我的问题，就是你的问题。

　　没有人会做任何他不想做的事情。机缘巧合，在众多行业专家共同努力下，这本书中文版才能面世。感谢陈新蕾先生翻译了第一章导言和第二章医疗器械分类；潘孔荣先生翻译了原著序言和第三章设计控制概述；我翻译了第四章设计开发策划，并和骆靓鉴先生一起翻译了第六章设计输入第二部分及附录；杨媛媛女士翻译了第五章设计输入第一部分；官辉先生翻译了第七章设计输出及相关附录和第九章设计验证；张进进先生翻译了第八章设计评审及相关附录；周国英女士翻译了第十章风险管理及相关附录；马国芳女士翻译了第十一章设计确认及相关附录；李宁女士和储云高先生共同挑战翻译了第十二章生物相容性；黎梅兰女士翻译了第十三章设计转换及相关附录；田升女士翻译了第十四章设计变更及附录；赵武杰先生翻译了第十五章设计历史文件和第十六章FDA检查技术；鲍庆玲女士翻译了附录A：设计控制程序。特别感谢潘孔荣先生和张进进先生给予了更多支持，对译稿也给出专业、细致、中肯的建议和校稿。特别感谢蒋海洪教授百忙之中能为本译著撰写推荐序，感谢团队的努力以及20多名医疗器械行业知名人士的推荐语录，最后感谢出版社的老师，专业辛勤的劳动，能让本书顺利出版。能遇到一本好书是一种缘分，我们愿把这份缘分分享给更多的医疗器械从业者们，共同助力我国医疗器械行业的升级发展。

我希望广大的医疗器械从业者能够各取所需，从本书中获取有益的知识、先进的思维以及宝贵的经验，以便促进更多原创研发的产品能早日上市，造福社会。

最后，虽然我与其他译者们在翻译的过程中力求全面，准确地表达原著，并在个别地方结合当前的法规和标准进行了更新，但因部分术语较为专业及国内外文化的差异，术语中可能仍然存在一些疏漏和不足，敬请医疗器械从业者同仁斧正。

卫根学于上海

2022年6月

前　言

　　自从 1997 年 6 月美国食品药品监督管理局（FDA）的质量体系法规（QSR）对设计控制提出各种强制要求以来，国际标准 ISO 13485 已经被修订了多次，人们对设计控制的合规期望已经逐步形成。此外，随着监管机构越来越关注要确保产品的安全性和有效性，可能几年前被认为可以接受的行为在今天不再被接受。因此，企业的设计控制流程本质上应该是动态的，并根据当前标准和行业实践持续演变。

　　很难相信这本书自首版以来已经过去了 16 年，尽管在此期间设计控制要求没有发生重大变化，但我参与过的 FDA 和公告机构的各种审核显示，为证明合规性所需的证据已经发生了变化。在过去的 20 年里，我一直负责实施质量管理体系以满足国内和国际要求，并担任医疗器械制造商的顾问，有幸为大大小小各种类型的公司工作，这些公司制造各种器械并使用不同的设计控制系统。这些经验的积累使我能够开发出符合标准要求的，并遵守外部监管机构要求的实用方法。

　　我撰写第三版的主要目标是使本书在设计控制要求方面持续更新，并与用于符合第三方合规性期望的方法方面保持最新状态。在第三版中，本书的涵盖范围已经扩充，以满足 ISO 13485：2016 的设计控制要求，并参考了相关的医疗器械单一审核程序（MDSAP）的设计控制要求。本书还进行了重大修订，以便为理解和实施设计概念提供更多细节。此外，大多数附录已经过修订或替换成更新的模板。

　　在诸如此类的书中，它虽涵盖了适用于广泛医疗器械和公司的设计开发控制要求，但通常很难甚至也不可能包括对要求的每一个意见或解释，或者以一种解决每个人具体情况的方式呈现。鉴于这种多样性，本书的目的是对设计控制要求进行实用性的回顾，并提供实用且经过验证的工具和技术，以满足设计开发控制要求和第三方审核员/检查员的期望。制造商可以而且应该能找到将设计开发控制应用于其具体场景的特定技术指南。

玛丽・B.特谢拉

目　录

第一章

引　言

质量管理体系适用于所有提供医疗器械的组织，无论该组织的类型或规模大小。医疗器械制造商需要建立、运行和维护质量管理体系，以帮助确保其产品始终满足适用的要求和规范。

在美国，受到食品药品监督管理局（FDA）监管的医疗器械质量体系要求根据21CFR第820部分——质量体系法规（QSR）规定。同样，ISO 13485 是一个适用于医疗器械的国际质量管理体系标准。ISO 13485 被认为是与 QSR 兼容的。QSR 和 ISO 13485 标准包括与用于设计、制造、包装、标签、存储、安装和维护医疗器械成品所使用的方法、设施和控制相关的要求。制造商应采用现行有效的方法和程序来控制医疗器械的设计和开发。

什么是"设计控制"？设计控制可以被认为是一个制衡制度，以确保正在开发的产品满足产品的性能要求，市场推广和销售所适用的法定监管要求，以及最终用户（即客户）的需求，并且对其预期用途是安全有效的。简单地说，设计控制是一种文件化的方法，可以确保你认为你正在开发的是你最初想要开发的产品，并且确保最终从生产线上生产出来的是客户需要的和想要的，你还可以合法地进行市场推广和销售。

为什么要设计控制？1990 年 11 月 28 日颁布的《安全医疗器械法案》（SMDA）修订了《食品药品和化妆品法》第 520(f) 条，赋予美国食品药品监督管理局（FDA）在现行良好生产规范（cGMP）规范中增加生产前设计控制的权力。法律上的这一变化基于相当大比例（44%）的器械召回，发现是由于产品设计的错误，被认为是由于产品开发的资源分配不足引起[①]。FDA 在 1996 年 10 月 7 日的《联邦公报》中，在题为"质量体系法规"的新规中发布了修订后的 cGMP 要求。该法规于 1997 年

---

① 1990 年，《安全医疗设备法案》增加了生产前的设计控制。该法案授权 FDA 将生产前设计控制添加到 cGMP 法规中。调查结果显示，有 44% 的医疗器械召回被归因于错误的产品设计，因此我们认为这是必要的。与软件相关的召回所占的比例甚至更高，为 90%。

6月1日生效,至今仍然有效。

当FDA开始检查医疗器械制造商是否符合设计控制要求时,他们关注到了制造商最薄弱的地方。从1998年6月1日至1999年9月30日进行的157次检查结果表明,设计和开发策划不充分是最严重的问题领域[①]。在几乎20年后的今天,对众多医疗器械制造商来说,符合设计控制要求仍然存在问题,与设计相关的大多数审核观察项和警告项都与设计确认、设计变更控制过程以及设计控制程序存在缺失或不足有关。

从2011年到2016年,FDA向医疗器械公司发出了3 884封关于质量体系(QS)/GMP缺陷的警告信。在发出的警告信中,647封(17%)涉及设计控制[②]。如果我们查看2016年的数据,关于设计控制的警告项的占比继续稳定在18%。表1-1[③]展示了2016年的设计控制子系统警告项的细分。2016年在不合规方面有483项观察项与警告项一致。

表1-1　设计控制子系统警告项(2016年)

总警告项=37

21CFR820.30(g)=9	21CFR820.30(e)=2
21CFR820.30(i)=8	21CFR820.30(h)=2
21CFR820.30(f)=4	21CFR820.30(a)(1)=1
21CFR820.30=3	21CFR820.30(b)=1
21CFR820.30(j)=3	21CFR820.30(c)=1
21CFR820.30(a)=2	21CFR820.30(d)=1

在FDA对你的工厂检查期间,如果企业存在任何重大缺陷,FDA会将企业检查报告(EIR)归类为官方行动指示(OAI),并根据产品与问题的严重程度(风险),来决定启动哪些行政和(或)监管行动。此类行动包括但不限于发出警告信、禁止令、拘留、扣押、民事处罚和(或)起诉。

如果外国制造商存在任何这些缺陷,根据产品与问题的严重程度(风险),医疗器械和放射健康中心(CDRH)/合规办公室(OC)将考虑发出一封警告信和(或)未经实质检验的扣留警告信。

---

①   FDA质量管理体系检查指南,奥兰多,佛罗里达州,1999年10月。

②   FDA——医疗器械,质量体系警告信的引用数(2011财年—2016财年)。

③   FDA——医疗器械,2016年设计控制质量体系子系统警告信引用数。

第二章

医疗器械分类

在我们讨论谁需要遵守设计控制要求以及这些要求是什么之前,让我们先来谈谈医疗器械分类。通常,所有医疗器械会被划分到各自的类别。在美国,医疗器械有三种分类。在欧洲、加拿大、澳大利亚、巴西和日本,目前有四种医疗器械分类。此外,欧洲和澳大利亚的分类系统包括一个Ⅰ类无菌和Ⅰ类测量功能分类(表2-1)。

表 2-1　医疗器械分类系统

国　家	分　　类			
美国	Ⅰ	Ⅱ	Ⅲ	—
欧洲	Ⅰ无菌	Ⅱa	Ⅲ	
	Ⅰ测量	Ⅱb		—
加拿大	Ⅰ	Ⅱ	Ⅲ	Ⅳ
澳大利亚	Ⅰ无菌	Ⅱa	Ⅲ	—
	Ⅰ测量	Ⅱb		—
巴西	Ⅰ	Ⅱ	Ⅲ	Ⅳ
日本	Ⅰ	Ⅱ特别控制	Ⅲ	Ⅳ
		Ⅱ受控		

为确保其安全性和有效性,医疗器械所需的控制程度取决于其医疗器械分类。Ⅰ类器械代表对用户的伤害风险最低,需要的监管控制最少,而Ⅱ或Ⅲ类器械代表对用户的伤害风险最大,需要的监管控制最多。

医疗器械被划分到的分类基于其安全性和有效性或"风险"。在美国,FDA通过考虑以下因素来确定和划分医疗器械分类:

- **预期用途**——该器械的预期用途是什么?

- **使用适应证**——器械的使用条件是什么,包括在器械的标签或用户手册中规定、推荐或建议的使用条件描述,以及其他预期的使用条件?
- **安全/风险**——与使用时可能造成的任何伤害或疾病相比,使用器械对患者健康的受益可能是什么? 风险/受益?
- **有效性**——该器械的可靠性是多少?

在欧洲、加拿大、澳大利亚和巴西,医疗器械也采用基于风险的分类方法进行分类;然而,确定器械分类是制造商的责任。在确定器械分类时,制造商必须考虑以下事项:

- **器械的预期用途**——身体的哪些部位受到了影响?
- **器械接触的持续时间**——器械持续使用的时间如何?
- **器械的侵入性的程度**——器械与患者接触的程度?

在欧盟,器械分类是根据医疗器械指令(MDD)的附录Ⅸ或医疗器械法规(MDR)附录Ⅷ确定的[①]。同样,在澳大利亚,器械分类是根据《2002 年医疗用品(医疗器械)法规》的附表 2 来确定的。在加拿大,医疗器械的分类是根据《加拿大医疗器械法规》(SOR‐98/282)的附表 1 来确定的。在巴西,医疗器械分类根据 RDC No.185 的附件 2 确定。在日本,医疗器械的分类是由 PMD 法案和 JMDN 代码确定的。

表 2‐2 至表 2‐4 列举了医疗器械分类的一些示例。

表 2‐2 美国医疗器械分类示例

美国分类	示 例
Ⅰ	镊子、手术刀、手术剪刀、眼科手术针、弹性绷带、检查手套、手持手术器械、喉镜刀片和手柄、食道听诊器、鼻夹、呼吸机管、气管导管、氧气面罩、鼻咽通道、助听器、耳镜、阻水和透水伤口贴片、眼垫、外科医生手套、患者体重秤
Ⅱ	输液泵、手术单、诊断用超声、电动轮椅、骨固定板和螺钉、T 型复苏器、呼气正压端阀(PEEP)、伤口贴片、呼吸暂停监测器、电动紧急呼吸机、气管导管、支气管插管、直流除颤仪、血管夹、活塞式注射器、血氧计、示波计、听力计、检眼镜
Ⅲ	可置换心脏瓣膜、硅胶填充乳房植入物、植入式脑刺激器、植入式起搏器、起搏器编程器、人工晶状体、髋关节髋臼金属骨水泥假体、肩关节‐关节盂金属骨水泥假体

---

① 译者注:在欧盟,器械分类是根据第 2017/745 号《医疗器械法规(MDR)》附录Ⅷ或第 2017/746 号《体外诊断器械法规(IVDR)》附录Ⅷ确定的。

表 2-3　欧洲医疗器械分类示例

欧洲分类	示　例
Ⅰ	二氧化碳探测器、心肺复苏袋、口罩、喉镜刀片和手柄、敷料胶粘剂、大多数矫形或假肢装置、造口术收集装置、轮椅、眼镜镜片和镜架、眼底摄像机、康复器械、听诊器、检查手套、皮下注射器、切口贴膜、导电凝胶、作为压缩或吸收渗出液的机械屏障的伤口敷料、可重复使用的手术器械
Ⅰ无菌	任何无菌的Ⅰ类器械,例如,无菌喉镜刀片和手柄、无菌护眼罩、ET 导引器和管心针
Ⅰ测量	测量体温的装置、测量血压的静态、无创装置;测量眼压的静态装置;测量体积或压力或液体或气体流量的装置,例如压力计、吸气负压力监测器
Ⅱa	CPAP、气管插管、尿失禁清洁剂、保护屏障霜、X 射线胶片、与医疗器械一起使用的清洁和消毒产品、输液泵注射器、麻醉呼吸回路和压力指示器、聚合物膜敷料、水凝胶敷料和非药物浸渍纱布敷料、隐形眼镜、导尿管、固定式假牙、手术手套、桥、冠、牙科合金、肌肉刺激器、TENS 器械
Ⅱb	气管造口留置管、慢性大面积溃疡伤口敷料、用于严重烧伤或严重褥疮伤口敷料、血袋、隐形眼镜护理产品、避孕套、放射设备、尿道支架、胰岛素笔、近距离放射治疗装置、关节置换假体、人工晶状体、不可吸收缝合线、骨水泥、呼吸机、手术用激光、诊断 X 射线源
Ⅲ	宫内节育器(IUD)、肝素涂层导管、含有抗生素的骨水泥、心血管导管、神经导管、皮质电极和回声板、可吸收缝合线和生物缝合线黏合剂、人工心脏瓣膜、动脉瘤夹、脊柱支架、带有杀精剂的避孕套、含有抗菌剂对伤口提供辅助作用的敷料、胶原蛋白植入物

表 2-4　加拿大医疗器械分类示例

加拿大分类	示　例
Ⅰ	口咽气道、鼓室镜、鼻内隔夹板、可重复使用的手术和牙科器械、敷料、胶带、手术巾、手动可调病床、胸腔引流系统、口腔内牙科灯、手术显微镜系统、内窥镜静态摄像机、电动角膜镜、内窥镜用光纤照明器,腿部支架
Ⅱ	一次性手术器械、短期血管内导管、X 射线检测、不可吸收的内部海绵、仅用于取样氧饱和度的血氧仪、常规检查的心电图仪、喉镜、保留型气囊导管、抛弃型软性隐形眼镜、正畸托架、预制假牙、乳胶避孕套、伤口和烧伤用水凝胶敷料、流量计、活塞注射器、雾化器、听力计、蒸汽消毒器
Ⅲ	术中持续监测动脉血氧仪、重症监护用心电图机、腹膜、长期留置导尿管、内盐水充气乳房假体、肩假体、汞合金材料、牙科树脂材料、宫内避孕装置、气管支架、女用避孕套、气体分析仪、输液泵
Ⅳ	心脏内血氧计、乳房植入物、动脉瘤夹、HIS 束检测器、植入脊髓刺激器、胎儿血液取样内窥镜及附件、胎儿镜及附件和体外部分、起搏器、脉冲发生器、自动植入式心律转复除颤器、植入式迷走神经刺激器、脑血流监测仪、胎儿 pH 监测仪、闭环血糖控制器、闭环血压控制器、胶原角膜护罩、组织心脏瓣膜、皮肤移植物

第三章

设计控制概述

适用性

既然我们已经讨论了医疗器械是如何分类的,我们可以确定谁需要满足设计控制要求,以及这些要求包含什么,即谁负责? 是什么? 为什么? 如何做?

设计控制是全面质量管理体系的一个组成部分,这一体系涵盖从器械设计的初始批准到退市的整个"生命周期"。我们需要设计控制来确保产品满足特定要求和用户需求,并且对于其预期用途是安全有效的。FDA QSR 和 ISO 13485 标准要求你记录用于控制设计和开发过程的方法。

在美国,设计和开发 II 类和 III 类医疗器械的医疗器械公司,以及使用计算机软件自动化的器械和表 3-1 中列出的 I 类器械,被要求遵守 21 CFR 820.30 中规定的设计控制要求。同样,要求符合 ISO 13485 国际标准的组织也必须遵守设计控制要求,除非这些要求的豁免得到批准(第 7.3 节)。

注意:设计控制要求的豁免并不免除制造商的设计变更控制要求和对设计变更程序的要求[例如 FDA 21 CFR 820.30(i) 和 ISO 13485:2016 Sec. 7.3.9]。此外,澳大利亚(明细表 3,第 6 部分,第 6.4 节)、加拿大(CMDR 9,10-20)、巴西(ANVISA 16 第 4.2 节)和欧洲(附件七第 2 和第 3 节)要求保存技术文档,以证明其符合安全和性能的基本原则。

设计控制及其核心要点

任何商业性质的企业的主要目标都是盈利。作为从业设计人员,我们需要不断问自己的问题是,我们正在做的事情是让我们离这个目标越来越近还是越来越远。设计一款新的医疗器械需要工程师们确定要使用的材料,并如何组装和测试产品的最佳方式。然而不幸的是,这些聪明的工程师们往往会忘记自己工作的目标。他们并非被雇来设计制造最耐久、最坚固、最美观的医疗器械。他们受雇于企业来设计制造一种对预期用途是安全有效的医疗器械。这些医疗器械能解除患者的疾病或缓解痛苦，为广大人民谋福利，为企业创造经济价值和社会价值。

表3-1　Ⅰ类——设计控制适用性

章　　节	FDA Ⅰ类器械
868.6810	气管支气管抽吸导管
878.4460	外科医用手套
880.6760	保护性约束装置
892.5650	手动放射性核素施用器系统
892.5740	放射性核素远程治疗装置
	使用计算机软件自动处理的器械

舒适性，安全性，有效性，易用性和耐用性等所有的需求要素无疑是有助于实现最终目标的关键要素，但主要的设计原则是医疗器械是否安全、有效。实现此目标可能就像回答以下问题一样简单：

● 这是一个有用的医疗器械产品吗？

● 有人会使用这个医疗器械产品吗？

● 这个医疗器械产品可以进医保吗？

● 这款医疗器械产品是否符合公司的整体产品线组合和商业战略？

● 我们能否以商业的方式来制造这款医疗器械？

产品开发过程还必须解决产品所需的采购、生产、营销、财务和用户期望问题，此外还需确保产品应用安全有效。确保以上所有这些问题得到解决且彼此不发生冲突的唯一方法是通过建立某种总体计划，确保所有方面都得到关注并相互平衡，换句话说，一种设计控制系统。

无论设计控制过程是否由政府机构强制要求，就像医疗器械一样，控制一个非常昂贵的过程只是符合商业常理。无论规模大小，没有一家现代公司能负担得起托马斯·爱迪生（Thomas Edison）著名的"一直试验到你放弃或找到答案为止"的方法。今天的世界发展得太快，太昂贵了。如果你的公司开发和制造医疗器械，则需要实施设计控制计划，不仅因为 FDA 已经强制要求这样做，而且因为实际上没有更有效的替代方案来管理产品开发过程。一种有效的设计控制程序将减少猜测、错误的决策和盲点，并为可靠的论证和客观的决策提供支撑。

请记住，设计控制过程不适用于基础研究或可行性研究，至少在本书的背景下。但是,一旦决定特定产品或设计将走向生产,就必须对医疗器械实施设计控制过程。

何时应考虑设计控制

设计控制可以应用于任何产品开发过程,并且可能出于各种原因而启动,包括但不限于:

- 识别新产品或新市场;
- 新的预期用途或患者群体;
- 营销需要满足用户的要求或问题;
- 限制/节省用户或公司的成本;
- 过程改善的潜力;
- 进行变更以提高安全性或性能;
- 外部环境强加的变更。

除明显的强制要求外,设计控制还有哪些好处

设计控制有助于确定用户想要什么和需要什么,他们愿意为什么付费,以及你的竞争对手正在做什么。设计控制甚至可以帮助你确定你的竞争对手到底是谁,以及你应该将营销工作的重点放在何处。

在设计和开发过程开始时,实施设计控制有助于降低整体项目和产品成本,实现在设计周期的早期识别和纠正问题。在开发过程的早期识别差错可以减少昂贵的重新设计和返工,并提高产品质量。早期发现问题还允许你根据需要进行任何必要的资源更正和调整,或者帮助你意识到产品无法制造或不能以预计成本制造,以及产品可能需要进行修改或终止,以避免不必要的巨大费用支出。

设计控制的基本意图和基本原则是强化各层面(如团队成员)的沟通和协调。正式的设计控制流程通过让所有项目团队成员置于同一层级上,使大家更全面地了解产品需求、用户和患者需求以及公司的目标。明确定义了任务、相互依赖关系和职责,以便清楚地了解它们对设计项目和项目团队成员的影响。

此外,设计控制提供了一套相互关联的实践和程序,即一种制约平衡的体系,以确保设计输出满足输入的要求。换句话说,你开发的产品是符合你预期的产品,是用户想要的产品,它已经过验证和确认,满足所有这些要求,并且已被证实对其预期用途是安全有效的。

产生了一个想法

如果仔细思考一下，从有人说他们想要一件新产品开始，到第一批产品下线的过程中，研究开发和制造这件产品需要花多少钱，就会产生一个想法：你可能希望你有办法确保你的新产品是合适的，并且它第一次就可以正常工作。想一想整个过程，它有很多步骤，每个步骤都使用公司最宝贵的资源：你的员工。新产品开发的成本巨大。它消耗大量人力、时间和财力。如果你想赚取利润并持续运营，时间和金钱是你必须密切关注的两件事。达成这一点有一种简单方法就是在第一次就把事情做对，而这正是设计控制可以帮助你做到的事情。

那么，当开发新产品或者对现有产品进行改进时，通常要做哪些事情呢？在理想的世界里，用户会说："我们想要这个产品。"或者"我们需要那个，我愿为此付出更多钱。"如果他们没有直接告诉你，那么你需要去找出你的用户真正想要或需要的是什么。这被称为**市场调研**，它需要花钱和时间。但是，如果调研做好了，你将事先知道你需要开发哪种产品才能实现有利可图的销售，并且你不会浪费时间和金钱来开发一样你知道如何制造但最终没有人想要的东西。

询问你的用户

现在你仍然不知道你是否真的能做用户想要你做的事情，但至少你知道你应该做什么。有时，整个事情的开始会有所不同。一位发明家突然有了一个好创意。它可能是为了一些全新的东西，或者它可能是在某种程度上用更好方法做以前做过的事情。然后，这位孤独的发明者就动手开始开发产品。他/她冒着风险去投入自己的金钱、时间和其他东西。有人会认为，这位发明家也许应该在动手前，询问一下是否有其他人也认为发明该产品是一个好主意，但这通常不是企业家考虑的问题，而且通常只是个人的冒险。然而，假设你的公司有一个充满发明家的部门，你称之为研发部门，他们提出了这个非常酷的新想法。你会因为你知道你有能力开发，或者至少你认为你有能力开发而就此开始产品开发吗？你是否自信地知道什么产品对你的用户最合适有利，还是你会去询问他们？虽然答案似乎是显而易见的，但应该说明，你需要问你的用户他们想要什么。而且，你需要在整个开发过程中不断地询问他们，事实上，在产品的整个商业生命周期中需要一直询问你的用户。

设计控制和用户的关系

设计控制过程是一个从用户开始到用户结束的循环制约平衡系统。产品开发应该从识别客户或用户想要什么以及他或她需要什么开始。实际上,定义用户可能比看起来要复杂得多。用户是患者、护士、医生还是医疗机构? 在许多情况下,答案是以上所有。正确回答这个问题是开发新医疗器械或改进现有医疗器械的主要障碍之一。许多产品开发与医疗器械一样,答案可能是各种要求和需要的组合,甚至可能是妥协。

所以既然我们知道了,如果我们制造这款器械,它是有市场的,也就是说,我们已经完成了我们的市场调研。下一步该怎么办? 我们需要一个计划。

设计和开发阶段

设计和开发过程通常被描述为由符合逻辑顺序的阶段或步骤组成。通常我们用传统的瀑布模型来说明设计控制对设计和开发过程的影响,如图 3-1 所示。尽管此模型为简单的器械提供了有用的设计过程描述,但对于更复杂的器械,并行工程模型更能代表其设计过程。有人认为并行工程模型模糊了研发和生产之间的界限,因为部分设计可能在整个设计获得批准之前已经进入生产。因此,需要一个更全面的审核和批准矩阵,以确保每个组件和工艺设计在进入生产之前都经过验证,并且在设计发布之前对整个产品进行验证。让我们看一下如何将设计控制过程分解为不同的阶段或步骤。

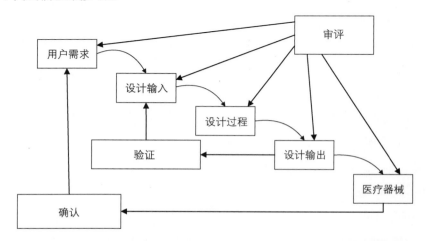

图 3-1 将设计控制应用于瀑布式设计过程之前验证每个组件和过程设计
(资料来源:FDA《医疗器械制造商的设计控制指南》加拿大卫生部医疗器械局提供

第一阶段：定义，即设计输入

我们在开始时需要做的就是确定我们希望产品是什么或做什么，以及谁需要参与这个产品开发工作。换句话说，我们需要定义我们的产品、用户和接口需求，即设计输入，以便我们可以开始制定需要的设计输出来验证和确认器械设计是否满足预期用途。我们还应该能够查看我们的市场调研数据，并识别和评估与我们的器械相关的任何已知或预期的风险，以便采取措施将这些风险消除或降低到可接受的程度，即进行风险分析。最后，为了成功管理设计和开发项目，我们需要建立一个设计和开发计划，确定需要发生的所有活动，并为每个任务分配责任。

首先，我们需要开始提出一些基本但必不可少的问题，其中可能包括但不限于：

- 预期用途是什么？
- 适应证是什么？
- 谁将使用它？是否需要特殊培训或特殊技能？
- 它是非处方使用还是需要按医生处方使用？
- 与使用或误用相关的风险有哪些？
- 它将在什么样的环境中使用？它是否容易受到环境影响？
- 定价多少？可以进入医保吗？
- 所需的形状、颜色和尺寸是什么？
- 需要什么样的准确度和精确度？
- 可以使用哪些材料？
- 它应该如何包装？
- 器械是无菌提供的还是预期由用户进行消毒？
- 器械是一次性使用还是可重复使用？
- 它将如何工作？是否需要组装？
- 是否需要说明书以及针对何种层级的用户？
- 用户/患者将如何与器械交互？
- 必须满足哪些安全或性能要求？
- 器械是否有保质期或限定的重复使用次数？
- 器械是否需要任何特殊搬运或存储？
- 它将与哪些器械或配件一起使用？
- 可能存在哪些用户限制？
- 我们想在哪里销售它？

- 有哪些法规和监管要求？

- 器械是否需要安装？

- 器械是否需要维护、校准和(或)服务？

以上问题以及更多问题的答案就是你的设计输入。它们包括来自在决定开发此产品前已经完成的可行性或研究阶段工作的设计输入,可行性研究确定公司希望继续进行开发和生产的是合适的产品。设计现在已准备好进入设计和开发阶段,并要求在设计控制上合规。

这些输入通常转变为后续工作的各种测试和设计原型的输出。请记住设计控制过程的循环性。这些问题和其他问题被确定为设计输入。这些输入中,哪些是关键的？哪些是必要的？哪些仅仅是希望的(愿望清单)？哪些可以修改？哪些是不完整的或模糊的？哪些是矛盾的？所有这些都需要确定和记录下来。

第二阶段：开发输出,即设计和开发输出

在第二阶段,你进入了实际的设计和开发阶段,此时你需要在受控状态下运行,即,对设计输入的任何更改都需要受到控制。在第二阶段,你开始开发你的设计输出,如软件代码、装配流程、规范、设计验证方案、工程图纸、检验程序、测试方法、标签等。你的输出是对前面问题(即你的设计输入要求)的答案。你的设计输出需要包含验收标准,以便你可以评估器械是否满足要求。这些输出通常会成为下一个设计和开发阶段的输入,那时你将需要验证和确认：输出＝输入。确认设计目标是否实现了？例如,你可能需要开发一种测试方法来验证器械是否满足某些设计性能要求。测试方案是设计输出,用于执行测试。同时,它也是验证过程的设计输入。测试结果也是输出,如测试报告。然后,我们需要评审测试报告,以确定输出是否满足输入要求,以及是否需要进行任何更改。同样,测试结果可作为设计评审过程的输入。我们需要识别、评估和解决存在的任何不一致、歧义或冲突的需求,并且需要对输入以及设计和开发计划进行相应的更改。此阶段活动的终点是产品的正式"设计冻结"。在设计和开发周期中,"设计冻结"代表设计团队同意设计符合设计规范要求的时间节点。设计得以定型,并且可以启动验证和确认活动。从此对设计规范要求的任何后续更改都需要正式变更控制。

请注意,在设计和开发过程中,你需要转换输出(如测试方法、装配程序等),以便制造产品原型进行验证。许多公司将这些文件转换,以便在设计和开发期间使用(例如需要批准),但在验证活动完成之前,不会正式将这些文件转换到生产中。

第三阶段：设计验证

在第三阶段，我们需要验证我们的器械是否符合预期并执行预期的操作，即器械是否满足设计输入要求。在此阶段，我们需要验证我们是否可以满足由测试方法、规范等定义的验收标准，并且验证器械的设计输入要求在冻结设计时是否都满足了。过程确认活动可以在此阶段启动，并在设计确认阶段完成。

验证活动需要使用我们的输出，如测试计划，验证方案等，按照设计和开发计划来完成。在任何可能的情况下，用于设计验证的产品生产和测试必须使用有代表性的正式制造流程来进行，这些流程应使用经过校准的设备和经过确认的测试方法。

验证活动可以包括在模拟使用条件下的检验/测试，即实验室测试、生物相容性测试、包装完整性测试、执行替代计算、比较新设计与类似已经验证的设计（若有）、在设计评审中评审数据和结果、进行试验和演示、故障树分析、故障模式和结果分析，生物负载测试等。

在此阶段结束时，你的设计输出，即器械主文档（DMR），应获得批准，你应建立制造质量计划，完成你的制造人员的培训，并应完成大部分过程确认，以显示过程的可重复性和可再现性。一旦验证活动完成并获得令人满意的结果，器械设计就准备好转换到制造中进行确认。一些公司可能要求在验证和确认阶段之间，增加单独的设计转换评审阶段。

第四阶段：设计确认

在第四阶段，我们需要证明器械的可制造性，确认制造过程，并确认成品器械设计是否适合其预期用途并满足用户的需求，即我们正在制造用户想要和需要的产品。确认通常在验证成功之后进行，并且使用根据设计和开发计划在规定的操作条件下生产的初始生产批次的产品。确认活动应使用代表真实最终用途条件下的测试系统和环境。设计确认活动可以包括：标签/标签评审、稳定性研究、软件确认、临床研究、人因工程测试、市场测试、运输模拟测试等。在此阶段结束时，设计团队需要确定器械是否可以进入市场。

第五阶段：产品放行

好了，既然我们已经完成了所有任务，验证并确认了我们的输出已满足我们的输入要求，并完成了需要进行的任何更改，我们已准备好产品放行，进入营销渠道。好，一切准备就绪。

设计和开发的这一阶段为设计团队在发布用于商业用途的产品之前提供了进行最终检查和平衡的机会。在此阶段，设计历史文件(DHF)应是完整的，所有最新的器械主文档(DMR)都应该被转换。所有风险都应已降低到可接受的程度，并且临床数据应已收集，以确认产品受益大于与产品预期用途的相关风险，并且任何剩余风险已在使用说明书中传达。营销许可或批准应已从相关的监管机构获得，并且你的销售人员已经过培训并准备好进行产品发布。此阶段通常需要管理层对产品的设计进行正式放行批准，以便开始营销。

第六阶段：改进和优化

设计控制不会随着设计转换到生产和产品放行到市场而结束。如前所述，设计控制是一个循环性过程。因此，设计控制适用于对器械或制造过程所做的所有变更，包括器械投放到市场很久之后发生的变更。在器械设计发布后，对器械设计所做的任何更改都需要受到控制，即记录、验证和(或)确认、批准和转换。此过程还需要记录下来。

设计变更是不断地设计和开发满足用户和(或)患者需求的器械的一部分。在此阶段，你应该寻找优化流程和改进器械的方法。你的用户和他们可能提供的任何反馈，无论好坏，都应该始终抓取，以便寻求改进的机会。查看产品上市后数据以及你的竞争对手在做什么。这些信息需要持续地评估并反馈到设计控制过程中，以便进行改进。技术更新如此之快，以至于你必须寻找新的、更好的或更便宜的处理方式。例如，寻找提高流程效率的方法，以缩短周期时间、交付时间和总体成本；提高器械质量，从而降低产品故障和返工成本等。

因此，以上是设计控制的简要概述。如果你仔细想想，这真的只是常识。合理完善的设计控制程序将为你提供从头到尾科学管理项目的方法，以确保你认为正在开发的是你最初打算开发的产品，并且在流程结束时，其结果是符合你自己的要求以及用户的需求和期望的产品。附录 A 中提供了设计控制程序的范例。本书接下来还讨论了每个设计和开发的各种要求。

第四章

设计和开发策划

我们真的需要一个计划吗

  假设你在商场、机场或者正好路过你家附近的面包店，那熟悉的、浓郁的巧克力曲奇的味道扑面而来。味道是如此令人陶醉，你发誓你几乎可以感受到巧克力在嘴里融化的味道。不出所料，你会浮现一个想法，即当你回到家时，你不仅要做这些美味的曲奇，还要多做一些分享给你的同事们。太好了，你有了一个回家后做巧克力曲奇的计划。这看起来很简单！好吧，你们中还有些人甚至不太可能尝试去做巧克力曲奇，更不用说和同事分享了，但请听我说完。

  停！现在是面对现实的时候了。如果你的计划是回家后简单地制作巧克力曲奇，那么你也真的不需要任何计划。你可能认为这个例子有点过于简单化了，可能是挺简单。但你是否曾经在贸易展上看到很酷的新设备，并决定想要制作一款和它一样的产品？感觉没什么了不起的，也不需要详细的计划。他们从展会上获取了一个样品，研发人员根据样品快速设计出自己的版本。这应该特别简单，对吗？

  让我们回到巧克力曲奇计划中，仔细地看看到底要做些什么才能让这些曲奇饼干成为令人垂涎三尺的臻品。在你开始之前，你是否知道增加有巧克力曲奇的食谱？它真有用吗？换句话说，它被证实好用吗？假设我们要使用著名的 Toll-House 巧克力曲奇的配方。恩，这将是一个很好的起点。现在，需要什么原材料，你家里有吗？如果没有，你就需要列出一个清单，然后去商店购买。哇，这将会增加很多额外的时间，也会扰乱整个过程。然而，在你去商店之前，你还需要确定你要做多少饼干，以确定你需要买多少原材料。你想做很多小曲奇还是少量的大曲奇？你需要把配方翻倍吗？你想加些坚果吗？如果加的话，是核桃还是夏威夷果？大家会对坚果过敏吗？如果我要做一些有坚果的和无坚果的曲奇，我将如何确保它们不会混在一起？等等，你的车有足够的汽油去杂货店吗？你的钱包有足够的钱来买这些原材料吗？如果没有，则还需要在额外的地点停车。你可能开始思考是时候放弃这个美妙的计划了,但现在还不要放弃。乐趣才刚刚开始。

假设我们带着所有的原材料从商店归来,准备开始制作曲奇饼了。等等,配方上说黄油必须软化,鸡蛋必须在室温下。再一次延迟! 没问题,当我们在等待黄油和鸡蛋的时候,我们可以开始称量我们的配料,并准备好我们的工具。我们需要哪些设备来制作曲奇饼呢? 例如,搅拌碗、搅拌机、量勺、搅拌勺、量杯、烤盘、烤箱等。假设我们有了所有这些资源,以避免出现任何其他令我们头疼的事情,导致进一步的延迟。

现在我们准备好了。在什么时候,按什么顺序,用什么设备混合在一起,混合多长时间? 烤箱需要设置在什么温度,以及预热需要多长时间? 如果你不想再次延迟,在你完成巧克力曲奇面糊的混合,并且曲奇饼已经放在烤盘上准备放入烤箱时,你需要确保你的烤箱已经预热并准备好了。

太好了,烤箱已经预热,面糊也已经一勺一勺地舀在烤盘上。现在,他们需要烤多久呢? 你想要它们软糯些还是酥脆些? 烘烤时间也会因饼干和烤箱的大小而有所不同,所以你最好定期检查一下它们。没有人喜欢烤焦的饼干,你也不是为了把它们扔掉而经历了所有这些麻烦。好吧,任务完成了,曲奇饼干已经烤熟了,但你猜怎么着? 现在你必须把它们放凉了。

最后,饼干凉下来了,这时候可以吃了。等等,你有牛奶吗? 有! 但是我要如何打包一些给我的同事们呢? 怎样做才会避免饼干在上班路上碎掉或变软呢? 最重要的是,谁来收拾烂摊子呢!

如你所见,一个看起来很简单的项目很快变成一个比较复杂的项目。许多决策和(或)变化可能会在此过程中发生,这些变化往往会延迟项目的完成或令项目完全终止。一个书面的计划可以确保进程/项目得到适当的控制及目标的达成。每个人都知道这一点,但不是每个人都会这样做。许多人认为这是浪费时间;但是,如果不制定计划,要成功完成一个复杂的项目是相当困难的。正是因为有人能清楚地表达一个产品,但并不能告诉你如何开发该产品并顺利进行制造和销售。

设计和开发策划的要求

设计开发策划的详尽程度和(或)策划优先级别将根据设计和设计开发活动的性质、持续时间和复杂程度而有所不同。随着设计在设计和开发过程的进展,由于资源冲突、输入要求的变更、验证或确认活动的结果等原因,策划文件也可能需要持续更新。

FDA 对设计和开发策划的要求参考第 21 章 CFR 第 820 部分,第 C 部分,第

820.30 节（b）。ISO 13485：2016 的设计和开发策划要求参考第 7.3.2 节。

按上述标准制定的策划要求制造商建立和维护计划，对以下各项内容作描述或参考：

- 设计和开发的阶段；
- 每个阶段所需的评审；
- 在验证、确认和设计转换各阶段的任务是恰当的；
- 分配各项任务的职责；
- 确定所需的内外部资源以及技术对接和各项能力；
- 确保设计输出可追溯到设计输入要求的方法。

如果你正在实施医疗器械单一审核项目（MDSAP），设计开发策划要求也需符合如下法规：

- 澳大利亚：TG(MD)R 附表 3，第 1 部分，第 1 条 1.4(4) 和(5)(c)节；
- 加拿大：CMDR32（第四类医疗器械）；
- 巴西：RDC ANVISA No.16/2013 4.1.2 节，4.1.11 节；
- 日本：MHLW MO 169，第 30 章。

这些要求看来很简单，但为了更清楚地理解它们，让我们仔细看看这些要求。请记住，一旦你根据可能已执行的初步设计工作（如在可行性期间）确定了一个可行的产品，并且决定继续进行开发，你就需要制定设计开发计划。这可能是一个或一系列文件（如项目计划、项目时间表、验证或确认计划、市场营销或销售启动计划等）。你的设计计划将帮助你管理和控制设计开发过程，并确保为项目分配了足够的资源（包括内部和外部）且明确定义了职责；项目所需的任务由有能力和合格的人员按计划确定并完成；并规定了支持设计活动所需的设备、设施和服务是具体的。

设计开发计划本质上是开发项目的路线图（或配方）。因此，你的计划需要确定设计和开发的阶段，并确定或参考将在每个设计开发阶段中执行的设计开发任务。在继续（即设计发布或转换）到下一个设计开发阶段之前，应对这些任务和成果（即验证和确认活动）进行评审。如果你考虑一下之前提供的巧克力曲奇的例子，你的设计和开发的阶段可被认为是你的准备工作、混合过程、烘焙过程、冷却、包装和清理。

除了确定所需的步骤或任务外，你的计划还需要确定并分配有能力的人员来执行这些任务或活动，并确保分配和提供足够的资源。这些要求同样适用于一人公司或小型项目团队，但这确实意味着参与设计开发项目的大多数职能部门都需要具备一定程度的专业知识。因此，通常可能需要外部专家的支持。

现在,我们已经明确设计开发计划需要确定每个设计阶段需要哪些活动以及如何执行这些活动(即输出文件);需要哪些资源以及谁负责这些活动;何时需要进行活动;何时评审结果以确定是否可以进入下一个设计阶段。同样,如果我们想想巧克力曲奇的例子,我们的计划需要考虑制作曲奇需要哪些步骤;每个步骤什么时候需要完成,每一步需要按什么顺序完成;需要哪些原材料、设备和公用设施;谁负责每一步骤;何种指示会告诉我们可以进入下一个阶段?

FDA 对设计和开发提出的要求,还包括需要定义在设计和开发过程中所用到的内部和外部技术接口,并需要对这些接口进行管理,以确保有效的沟通,清楚地了解谁负责哪些活动以及活动如何相互影响,即依赖关系和独立性。你需要确保被指定去执行设计和开发任务的人有能力执行这些任务,这些人正在按照设计计划与相关人员协调这些任务,正在沟通和报告任何问题,并且这些人也正在定期报告这些任务的进展。这些任务分配给员工、顾问还是其他公司并不重要。例如,如果你没有内部资源对产品进行灭菌和(或)确定产品无菌性(假设产品必须是无菌的),那么你需要找到能够提供该服务的外部资源。

设计控制要求我们考虑并确定每个小组(他们有时在自己的业务范围中独立工作)将如何确保他们正在做的工作将整合到其他小组正在做的任务中,即一个小组的输出通常是一个或多个其他小组的输入。显然,在同一个项目上工作的不同小组的人应该知道其他小组正在做什么。每个人都知道这一点,在大多数情况下就是如此。团队通常熟悉显而易见的任务,但他们有时会错过更容易忽视的事情,最常见的是一些非必须的要求、期望和愿望清单。作为设计和开发团队的顾问及员工,我知道一个小组可能不知道另一个部门或小组的期望,这通常不是由于什么不好的事情,而多数是由于沟通不畅。市场营销人员知道,客户希望这个产品摸起来柔软,而且不显眼,这样穿戴的时候就不会惹人注目。他们和用户交流过,他们组织过焦点小组,并确保它从一开始就在产品开发目标中。设计人员也知道这一点。那么,为什么正在开发的产品对市场营销团队来说不够软或太显眼呢?部分原因可能是产品技术标准写得不好。不显眼是指轮廓高 3 厘米还是 0.3 厘米?例如,如果每个人都知道这意味着 0.3 厘米,那么设计人员是否会告诉市场营销人员(以及团队的其他成员),这么薄的外形无法满足其他一些关键指标?这样的小误解经常会发生。请记住,沟通中最大的问题是产生这样的错觉:沟通的目的已经达到了。

设计和开发是一个"动态"的过程,因此,设计计划将随着设计在开发过程中的进展而不断变化。所以设计计划需要更新,并对新计划还要进行评审和批准。也许,确保做到这一点的最好方法是经常或定期安排设计评审,不管非正式的还是正式的。这些会议不仅仅能推动项目计划评审,还会迫使拖延者更新和记录他们所做的、所发现的,以及需要变更或修改的事。它还迫使其他职能小组响应这些变更,并相应地批准变更或发起新任务来解决问题。请记住,项目花费的时间和成本超过预期的原因有很多。通常是因为你没有考虑到不可预见的情况。随着设计和开发周期的进展,事情往往会发生变化。测试可能会显示产品没有按照你预期的方式运作,并且可能需要进行一些设计变更和新的测试。材料可能无法从供应商那里获得,或者太贵,或者不兼容。市场营销人员可能会决定补充一些需要你验证和确认的新要求。所有这些任务都需要加到项目计划中,并将延长项目完成或产品发布的时间。

设计和开发计划中的要素

你不能直接走进技术人员的办公室,然后说,"我想要一个新的、功能齐全的、可植入的小肠假体。"你不能在大厅里走到市场营销人员那里,告诉他们准备在 24 个月后发布,然后在注册办公室停下来,告诉他们提交 510(k)申请。我们都不会这样去做。在产品上市之前,有很多事情需要做。这就是为什么我们要付钱给所有这些技术人员、市场营销人员和注册人员;他们知道自己必须做什么。但他们不知道的是细节;他们不知道其他地方正在发生什么,每次有人变更某件事时,每个人都必须调整自己正在做的事情。

如前所述,你的设计计划本质上是项目的路线图。它告诉你如何从 A 点到 B 点。当谈论到医疗器械的设计和开发时,它会告诉你如何从概念到生产再到发布。考虑到这一点,你的设计和开发计划文件应该考虑并明确以下内容:

- **项目目标和目的**:将要开发怎样的产品? 它的预期用途是什么? 适用者是谁? 它将如何竞争? 在哪里竞争?
- **部门职责和相互关系**:谁在做什么? 包含外部人员的工作,如次级承包商、顾问和服务供应商(如测试实验室),以及它们之间是如何关联的?
- **任务**:与每个任务或设计阶段相关的主要任务或里程碑以及交付物是什么? 哪些任务在开始之前取决于其他人?
- **资源**:费用是多少? 限制和约束是什么? 我们有资源(资金、人员、设备、时间)吗? 如果我们多雇两名工程师,我们能做得更快吗?
- **时间表**:应该首先开始哪些任务? 每个任务需要多长时间? 哪些任务可以同时完成? 哪些任务如果延迟,会影响整个项目的结果,即关键任务? 应该给每个任务或事件序列分配到一个时间框架中,以便跟踪进度,即时间表。

- **里程碑**：我们什么时候聚在一起确定是否有任何进展和(或)我们是否可以
  进入下一个设计阶段，即设计评审会议？有问题吗？是否需要对时间表进
  行调整？是否需要做出重大决定？我们什么时候可以发布？设计计划应确
  定关键的决策点或里程碑，例如生物相容性测试、功能测试、临床研究或评
  估的结果等。这些任务的完成为设计评审会议提供了一个很好的时机。
- **沟通活动**：我们如何告诉所有需要知道器械新进展的人？什么时候应该签
  发重要的报告？什么时候发出变更通知？设计计划应确定通知/沟通活动。
  例如，何时进行设计评审和(或)风险评估。

策划技巧

设计和开发计划将根据项目的复杂性和与器械或产品相关的风险程度而有所
不同。例如，对于不太复杂的项目，计划可能采取简单流程图、任务列表或简单时
间表的形式；或者对于更大的项目，可能使用项目计划评审技术(PERT)、关键路
径方法(CPM)，或参考其他策划文档的甘特图。

关于策划技巧甚至一些策划方法的深入研究已经超出了本书的范围。然而，
对于技术项目，有几种技术已经被有效地用于从日程安排的角度管理设计和开发
项目。

甘特图和 PERT 图是常用的可视化工具，通常用于显示任务日程安排和项目
管理所需的任务。它们可能是最著名的项目管理图表。甘特图本质上是强调完成
任务所需时间的条形图，而 PERT 图是强调任务之间的关系(特别是它们的依赖关
系)的流程图。

甘特图

甘特图由查尔斯·甘特于 1917 年开发。它提供了任务顺序的图形表示，并且
是一款快速评估项目状态的优秀工具。每个任务都列在 Y 轴的一列中。横轴
(X 轴)是项目将持续的时间跨度(天、周、月、年)。然后，每个任务的完成时间由一
个水平条表示，该水平条从起始日期开始，到估计完成日期结束。连接独立任务的
箭头反映了它连接的任务之间的关系。这种关系通常表现为依赖性，即在这种情
况下，一个任务只有在另一个任务完成后才能开始。完成每个任务所需的资源被
标识在每个任务的旁边，并且通常会使用一个进度条，来显示从 0 到 100% 完成的
任务状态。如果一项任务花费的时间比预期的更长或更短，那么每项都会适当地
滑动。图 4-1 提供了甘特图的一个示例。

任务ID	任务	工期（天）	前置任务
1	项目开始	0	
2	设计评审会议（立项和确定项目成员）	1	
3	设计输入（器械需求及期望输出）	10	
4	风险分析	1	
5	设计评审会议	1	3, 4
6	PCB设计	63	5
7	PCB开发	63	5
8	起草软件测试计划	10	5
9	起草硬件测试计划	12	5
10	（PCB设计完成、原型板收货用于测试）	0	6
11	测试设计硬件	5	10
12	设计评审会议及评估风险	1	11, 7, 8, 9, 10
13	PCB调整	33	12
14	持续软件开发（与硬件完整结合）	29	12, 13
15	编制正式软件验证方案	4	12
16	定义供应商	12	12
17	定义和批准序列号	3	12
18	设计标签	16	12
19	设计包装	8	12
20	编制用户文档手册	44	12
21	编制软件安装手册	44	12
22	编制硬件安装手册	44	12
23	软件开发完成	0	14
24	修订的PCB收货	0	13
25	测试订的硬件	4	24
26	正式软件验证	3	23, 15
27	设计评审会议及评估风险	1	26, 23, 24, 25
28	评审结束及修订用户手册	12	27
29	编制作业指导书	12	27
30	编制DHR表格	3	29
31	编制人员培训需求	5	29, 30
32	编制销售表格和检查清单	5	27
33	培训人员	10	31, 32
34	最终确定规范	5	25, 26
35	最终确定DMR	3	29, 30, 31, 32
36	修订技术文档（CE）	6	35
37	通知授权代表	1	36
38	设计评审会议-最终风险和设计转换	1	32, 37, 35, 36, 32

图 4-1　甘特图示例

什么时候是使用甘特图的好时机

- 当你有一个中小型的项目时。

- 当你希望能够查看项目的每个阶段,包括目标和资源分配时。

- 当你想轻松地描述和评审项目状态时。

什么时候甘特图可能不合适

- 如果你的任务是未知的,并且(或)对完成任务的时间估计未知。

- 如果你想变更你的时间表,你将需要重新绘制图表。

- 如果你想在同一个图表中列出多个日程安排选项。

PERT 图

PERT 图最早在 20 世纪 50 年代由美国海军开发的,以帮助管理"北极星"潜艇导弹计划。另一种类似的方法,CPM 图已经成为 PERT 图的同义词。每个图表都以一个启动节点开始,该节点扩展到表示事件或里程碑的其他节点。这些节点由代表项目任务的方向线连接。线上箭头的方向表示任务的顺序。这些被称为依赖任务。不依赖于一项任务的完成来启动另一项任务,并且可以同时进行的任务称为并发任务或并行任务。这些任务可以用从依赖任务的箭头分离出来的线表示。虚线表示不需要资源的依赖任务。它们被视为是虚拟任务。在完成所有这些内容后,我们便能够很容易地找到以整体目标为结尾的最长时间线。这被称为关键路径,它估计了项目的工期。它显示了需要按时完成的任务,以便预计的项目完成日期保持与最初计算的相一致。

使用 PERT 图的优点是什么

- PERT 图有助于简化大型和复杂项目的计划和日程安排。

- PERT 图明确地定义并显示工作分解结构要素之间的依赖关系(优先关系)。

- PERT 图有助于识别项目的关键路径。

- PERT 图有助于识别每个活动的最早开始时间和最晚开始时间,以及每个活动的延迟。

什么时候 PERT 可能不合适

- 使用 PERT 图时,手头任务和分配给该任务的时间之间的关系可能不会像甘特图那样一目了然。

- PERT 图也容易低估项目固有的实际风险。

- 大多数 PERT 图表缺乏时间框架,这使得状态显示变得更加困难。

图 4 - 2 展示了一个 PERT 图的示例。Microsoft Project © 是创建甘特图和 PERT 图的软件程序中较典型的例子。

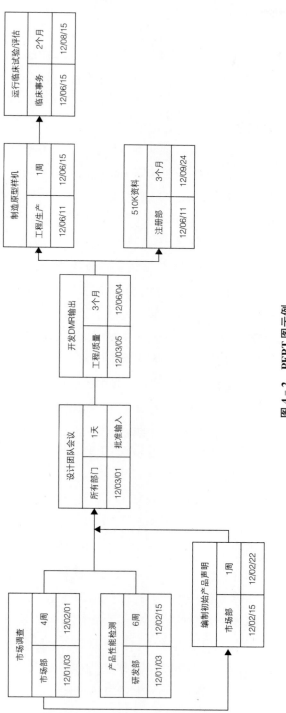

图 4 - 2　PERT 图示例

项目策划——我该如何开始

项目策划中最难的部分是确定所有需要完成的任务,并准确估计完成每项任务的时间。事情几乎从来不会按照计划进行,因此在制定开发项目计划和时间表时,你需要考虑到这一点,所以,随着设计和开发的进展,计划需要被评审和更新。

当我第一次开始我的咨询业务,最难做的事情是估算项目需要的时间和相关成本。我几乎总是低估完成一个项目的时间,因为我没有预料到在这个过程中可能会遇到的一些障碍。一个经常被低估的领域是完成内部审核的时间。客户总是认为内部审核只需要 1～2 天的时间,特别是当他们只设计和制造几种产品的时候。然而,当你执行审核时,你通常会检查一两个产品,从设计到制造、销售、服务以及上市后的事务。作为一个制造商,需要建立一个全面的质量管理体系。因此,无论你生产一种或多种产品,这些对审核来说都不重要,因为审核员仍然要查看一件产品的整个系统。重要的是产品在设计、开发和制造方面的复杂性,因为这将影响在这些领域中花费的时间。

一个全面的内部审核通常需要 5 天或更多的时间才能完成。如果有人告诉你他们可以在 1～2 天内完成,那么你就得不到全面的审核。对于那些接受公告机构审核的人来说,你知道进行监督和全面质量管理体系(QMS)审核的时间长短与你设计和制造的产品种类数量无关。时间是根据审核员的数量计算的。虽然我不一定同意这么来确定时间,但你们必须记住的是,当你的公告机构进行全面的 QMS 评估时,通常需要 5～7 个工日。监督审核只需要 1～2 天,因为他们只查看质量管理体系的一部分。

记住这一点,创建项目计划的第一步包括明确定义设计输入,以便你确定需要哪些输出。为了有效地做到这一点,你需要记录你的可验证和(或)确认的设计输入要求。并且,依此开发输出文档来满足输入要求,以及后续完成验证或确认设计输出是否满足设计输入要求。为了确定你是否已经准备好进入下一个设计阶段,你将需要检查验证和确认活动的结果(即设计评审)。**注意**:虽然我们总是预期设计输出能够满足设计输入要求,但这现在是 ISO 13485：2016 标准的明文要求。

正如我们将在后面的章节中更详细地讨论的那样,应该在设计和开发过程的开始时就启动风险评估,并在整个开发过程中持续评估。也就是说,你的设计计划应该定义何时进行风险评估。风险评估的安排应与设计评审类似。最合适的时机应该是在设计阶段评审期间,以便确定是否出现了任何未预料到的风险,以及(或)你最初的风险评估是否准确,以便在进入下一个设计阶段之前采取缓解措施。

第五章

设计输入：第一部分

设计控制，如美国食品药品监督管理局（FDA）规定的和本书所涵盖的，不适用于概念开发和可行性研究（即预研）的实施。在设计控制开始之前，必须有人识别并确认市场需要，或更重要的是，市场想要的可开发及可行的产品。这种确认通常基于某种类型的可行性研究和（或）测试，以表明产品在满足预期用途和初步用户需求方面有一定的前景；还应该进行某种类型的市场分析来确认该产品值得追求，并包括确定该产品无论以什么样的方式，只要产品能以一定的成本制造，并以一定的价格出售，能解决一定的患者问题，同时企业能获取价值。所有的这些活动和由此产生的文件都是可行性的输出，并将作为产品设计和开发的输入。

概念文件

概念文件，有时称为产品或项目初始要求（PIR），是实现有效设计控制流程的第一步。概念文件或其他术语通常用于启动可行性。

不要将概念文件与启动设计和开发过程以及设计控制的正式设计输入文件混淆。概念文件或 PIR 是设计和开发过程的起点。它定义了正在开发或即将开发的产品的基本要求。就其作为起点的性质而言，它通常并不全面；然而，它应该是它名字本身所表明的东西——一份书面文件。它并不是少数人之间要开发一种新的医疗器械而达成的口头协议。事实上，即使是发明者只有一人也会从制定概念文件中受益。这将帮助他或她开始记下前一天在他或她头脑中转瞬即逝"创意"。

概念文件通常是定性的，尤其是当它被用于定义鲜为人知的新产品或应用，以及正在开发的产品对开发公司来说是"新"的时候。然而，它可以包含任何已知的定量信息。

　　理想的公司,市场营销部门会根据对产品的感知或真实需求来准备概念文件。然而,它可以由任何部门的任何人发起。概念文件的目的是全面地定义新产品理念的要求,以便研发部门可以开始将这些要求转换为可验证和可量化的术语,并进行一些初步可行性/实验室测试,以确定概念/产品是否可行。请记住,设计输入必须是明确的,即它们需要能够通过客观的分析、检查或测试方法进行验证。然后,该过程的结果可由公司关键人员进行评审,以便就项目是否应进入开发阶段做出决定。概念文件中应包括以下几个要素:

- 关于产品用途或适应证的说明。我们为什么要开发这个产品? 有机会吗? 机会有多大? 我们的期望和目标是什么? 客户或用户对该产品的需求是什么?
- 关于市场定位的说明。这个产品将如何竞争? 打算在哪里销售,卖给谁? 我们的竞争对手是谁?
- 关于基本和期望的特性的说明。产品有什么作用? 产品需要做什么才能成功? 它的外观是什么,如大小、形状、颜色等? 需要或首选哪种输送系统? 产品是否需要与其他产品、设备或附件兼容? 产品预期在哪里使用,由谁使用? 产品是无菌还是非无菌供应? 将使用什么灭菌方法? 包装是否适当?
- 关于预期声明的说明。你希望能够和可以应用于什么适应证? 是否有任何限制或排除情况? 竞争对手的哪些性能声明也是你想要的? 哪些功能是必不可少的或期望的?
- 关于合理包装的说明。预期用户是否需要特殊的包装以便于打开? 产品设计是否需要特定的包装以确保稳定性? 包装是否需要能够经受灭菌?
- 关于临床和技术要求的说明。该产品预期治疗或管理什么? 产品是如何提供治疗或管理的? 它与其他同类产品有何不同? 又有何相同? 是否需要临床研究,或临床评价是否充分?
- 关于成本的说明。产品的成本应该是多少? 它需要花费什么? 可以医疗报销吗? 以什么价格?

　　图5-1提供了一个简单的产品初始要求或概念文件的示例。

　　一旦概念阶段完成后,就应对该测试的输出进行评估,以确定是否存在可行的产品。在此阶段结束时,大多数设计不确定的领域应该已经解决,总体布局已经完成,并且大部分研究和原型模型测试都已经进行。如果需要,输出应该足以制作全尺寸模型,并使设计输入正式化。如果管理层决定推进该产品的设计和开发,则应记录适当的批准,并应组建一支设计团队由代表不同部门的人员组成以启动设计和开发过程。

产品项目名称：压力计(一次性)　　　　　　**启动日期**：2012/06/01

预期用途/用户需求：

一次性压力计的预期用途是为临床医生提供一种可视化方式，以在通气或复苏期间监测适当的气道压力和呼气末正压(PEEP)。

市场营销要求/市场定位：

该压力计将作为心肺复苏(CPR)手动复苏器的附件产品。在压力计上市前，儿童和婴儿心肺复苏(CPR)袋的估计总市场规模为 2 290 840 美元。在压力计上市后，预计婴儿心肺复苏(CPR)袋的销售额将增长 10%，儿童心肺复苏(CPR)袋的销售额将增长 5%。这意味着销售收入总共增加了 322 977 美元，单位销量增加了 6 400 个。

产品需求：

与心肺复苏(CPR)手动复苏器兼容，并可与其他呼吸设备(如复苏袋、过度充气袋、CPAP 面罩、CPAP 回路)一起使用。

单个患者使用，一次性，非无菌。

范围为 0～60 cm H_2O。仪表的颜色编码为绿色、黄色和红色。重量轻。不含乳胶。

声明：

易于阅读的表盘

测量值高达 60 cm H_2O

减少在复苏时将视线从患者身上移开的需要

允许在大多数手动人工复苏器(带适配器)上联机使用

允许监测呼气末正压(PEEP)

允许监测气道压力

可轻松直接连接到标准 CPR 袋上的患者端口

重量轻，性价比高

包装要求：

单独的塑料袋，每箱 20 个，非无菌。

临床/技术要求/其他考虑：

在护理患者时可查看，测量值高达 60 cm H_2O

产品成本：

目标生产成本低于 3.00 美元，目标销售价格为每个 5.00 美元至 10.00 美元

编制人：＿＿＿＿＿＿　　　　　　　　　编制日期：

图 5-1　产品初始要求示例

设计输入

设计输入可能是设计控制过程中最关键的要素。它是整个设计和开发活动的基础。如果基础有问题,在这些问题被识别和纠正前,整个结构都将受到质疑。尽可能地降低风险也很重要。任何正规的公司都不想伤害其客户/用户,或制造不起作用的产品。此外,一家优秀的企业不希望花更多的钱(超出成本及所得利率)来开发一种没有人会购买的产品。难以想象有人会浪费时间和金钱开发一种售价比市场承受价格(或允许报销的价格)高出 600% 的产品。没有人愿意开发一种像微波炉那么大的产品,而这种产品本应像手机那么大小才能被医生、护士和患者接受。如果在正式启动设计控制过程之前完成这些前置的工作,这些事情就可以避免。

正式批准并用于启动设计控制过程的设计输入不可能就是所有的愿望和期望。输入本身就是前置工作的输出。请记住,早期研究或可行性工作不是 FDA 定义的设计控制的一部分。在设计控制开始时,你应该从大量的初步工作中获得大量的信息(即输出)。这些活动的输出应反馈到设计输入过程中。

公司经常在没有清楚地理解或知道产品需求的情况下被催促着启动设计和开发过程。他们认为他们会在前进中弄清楚。结果,由于在设计和开发过程中进一步重新进行了成本高昂的设计活动,项目最终错过了最后期限,并且超出了预算。通过花费时间和资源来预先准确定义这些输入,从长远来看,公司可以节省大量的时间和金钱。例如,在定义设计输入时,应考虑以下内容:

- 在可行的情况下,使用现有的、经过验证并具备已知成本、可靠性和安全性的组件或材料,以降低产品设计和测试的成本。
- 避免公差、材料等的超规格,否则将导致浪费金钱,并可能导致产品缺乏竞争力。
- 减少或消除已知会导致质量问题的功能。对于"一次性"的产品,这种反馈应该来自相关设计中的"技术诀窍"。对于新设计,反馈应来自制造商和最终用户。

什么是设计输入

FDA 的 21 CFR 820.30(f)将设计输入定义为"可作为器械设计基础的器

械物理和性能要求"。如果你查看 ISO 13485：2016 第 7.2.1 节——与产品相关要求的确定——产品要求包括：客户规定的要求，包括对交付和交付后活动的要求（例如安装和维修）；客户虽然没有明示，但规定的用途或已知的预期用途所必需的要求；适用的与产品有关的法规要求；确保医疗器械的特定性能和安全使用所需的任何用户培训；以及组织确定的任何附加要求。简而言之，你的设计输入是器械的功能、性能和安全要求，包括适用的法规要求和标准，同时考虑到产品的预期用途和用户要求，以及对设计和开发至关重要的人因工程所引起的其他要求。因此，你的设计输入为设计和开发过程提供了路线图。

设计输入要求

如前所述，设计输入是设计控制中最重要的要素。它是产品设计和开发成功的起点和基础。对于复杂的设计，设计输入可能会消耗整个项目高达 30% 的时间。设计输入要求能满足 FDA 21 CFR 第 820.30 部分和 ISO 13485：2016 第 7.3.3 节，须包括以下内容：

- 输入需要全面且现实，并以明确的（可以通过客观的分析、检查或测试方法进行验证）和可量化的术语（包括可行的测量公差）进行定义。

- 输入需要确定产品的关键功能、性能、可用性、安全性和可靠性要求，同时考虑到用户的需求以及器械的预期用途。必须明确定义对产品的正常功能至关重要的输入，以及满足预期用途、用户需求和法规要求所必需的输入。在此过程中，一定要考虑环境要求和限制〔如温度、湿度、海拔、能量要求、电磁兼容性（EMC）、静电放电（ESD）、生物负载等〕以及人因工程（如人体工程学和用户的易用性、用户的经验和教育等）。

- 输入应包括内部或外部强制的或基本的要求。这些可能包括：

  - 明示和暗示的客户要求（包括用户和患者需求）。

  - 产品预期用途要求。这些可能包括产品有效运行或按预期使用所需的功能、性能、人体工程学或安全性和可靠性要求。

  - 基于产品的预期销售，并考虑到器械的预期用途和安全性、等效性或性能问题，而对产品强制实行的法规要求和标准要求。

  - 组织根据市场研究、临床试验、先前的类似或竞争产品、合同要求、环境要求等强制的要求。

  - 与来自先前类似或等同器械、临床评价或上市后监督的任何已知风险相关的要求,如禁忌症①、预防措施以及产品标签和使用说明的警告。

- 设计输入需要由指定人员进行记录,评审和批准其充分性。批准需要包括指定人员的签名和日期。

- 设计输入需要定义和记录为允许确认设计输出的正式要求(即可以验证或确认)。需要解决任何不完整、不明确或冲突的要求,并且需要在你的设计控制程序中记录执行此操作的方法。

如果你正在实施医疗器械单一审核项目(MDSAP),设计输入要求也须符合如下法规:

- 澳大利亚:TG(MD)R 附表 1 和附表 3,第 1 部分,第 1 条第 1.4(4)和(5)(c)节;

- 加拿大:CMDR 10 - 20,21 - 23,66;

- 巴西:RDC ANVISA 第 16 条 第 4.1.3 和 4.1.11 节;

- 日本:MHLW MO 169,第 6、11、27、31 条。

设计输入来源于哪里

一旦概念文件完成,实验室测试和原型样品评价表明,这是一件可行的产品,能够满足基本要求,并且管理层已经同意要推进这件产品的开发,那么就可以开始将你的设计输入正式化。这可能需要进行其他评估,以收集定义产品功能、性能和接口要求以及安全、法规和临床要求所需的额外信息。例如,这可能包括自愿和协调标准评审、可用性/人因工程评估、文献综述、法规策略评估、类似或竞争对手器械的上市后数据或经验的评审(如不良事件、召回)等。多部门团队对这一过程至关重要。有太多问题需要该领域/行业的专家回答。如果公司内部没有特定或足够的资源,则需要寻找替代方案(如分包给其他公司)。想一想,如果开发的产品对适应证来说是革命性的,但由于开发人员不了解该产品的法规要求而被困在监管审批过程中,那么将会浪费多少时间和金钱。

你的设计输入通常应涵盖四个方面:

- 临床使用、安全性和性能(即文献综述或临床评价):产品需要做什么,谁需要使用它,以及如何使用,用户需要什么知识或经验,可能需要什么培训,产品将在哪里使用,以及环境是否会影响其使用?

---

① 译者注:"禁忌证"为医学规范用词,但在本行业《医疗器械说明书和标签管理规定》(国家食品药品监督管理总局令第 6 号)中写为"禁忌症",所以本书均译为"禁忌症"。

- 产品的物理和性能特性（即产品规范）：它需要什么样的外观——即它的物理设计，它将由什么制成（即材料），它是如何工作的以及安全和性能要求是什么，它将与什么一起使用（即接口和附件），以及在哪里使用（即环境），它是否可以重复使用，应该如何处置，如何包装，以及搬运和储存条件通常是什么？是否需要任何类型的安装和（或）维护或服务/更新？

- 市场营销要求（即知识产权/市场营销评审）：计划在哪里销售，以及需要能够提出哪些宣导，需要什么样的产品功能/客户要求，哪些器械具有可比性，需要什么警告或禁忌症需要什么商标或专利申请，可能需要什么样的注册、销售、许可和销售协议？

- 法规和（或）质量要求（即法规评审）：产品在每个指定销售国家如何分类，这些国家的上市审批要求是什么，适用于该产品的标准或法规要求是什么，需要制定什么技术文件，以及标签要求是什么，如使用说明、仅限 Rx（处方）、语言、符号等？

还可以考虑其他要求，如外包要求、资本要求、医疗报销、财务要求等。

明确区分产品的"理想的"要求和"必备的"要求是非常重要的。尽管销售和市场营销团队希望拥有一款具有大量"花里胡哨"功能的产品，但考虑到技术、成本、时间限制等，这些"花里胡哨"的功能可能并不可行。如果某个市场（如欧盟、加拿大、澳大利亚、日本、巴西、美国等）的某些要求是独特的，也应记录在案。

同样重要的是，当你记录你的产品要求时，请你用通俗的语言方式记录要求，以便所有的团队成员能清楚地理解它们。请记住，并不是每个人都是行家或非常熟悉技术术语。如果你想让你的团队全心投入并提供增值反馈，那么他们就需要理解你在说什么。没有人想成为那个举手说不明白的人。通常每个人都只是点点头，假装他们明白了。清晰的要求沟通将使参与开发过程的每个人都在同一频道上了解你正在开发的内容、需要满足的要求，以及实现这些要求所需的资源方面保持一致。

如何记录我们的输入

定义设计输入是一个迭代过程。第一次迭代是通过完成产品/项目初始要求（PIR）在产品/项目启动时进行的。例如，在设计输入文件（DID）中记录你的产品要求将使你能够获得从设计和开发活动中收集的最新信息（如文献综述/临床评价、产品规范草稿、知识产权/市场营销评审、法规评审等），并合并和记录你的产品要求及其来源，以便随后进行评审并将其转换为设计规范。

图 5－2 说明了前面定义的过程。我们将在下一章中更详细地介绍设计输入和设计输入文件（DID）的开发。

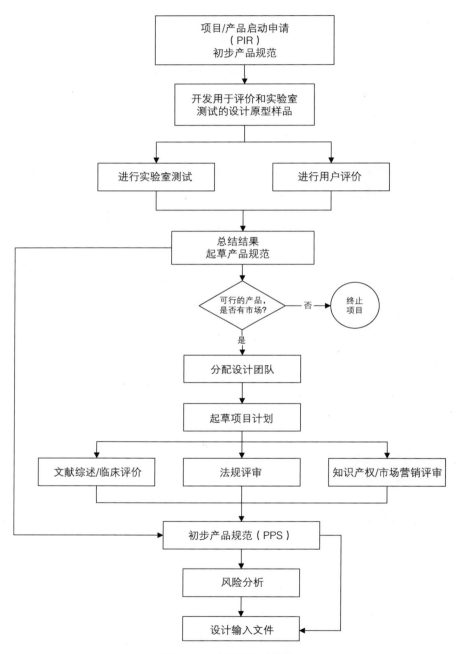

图 5‑2   设计输入流程图

第六章

设计输入：第二部分

一些医疗器械制造商很难确定项目的可行性阶段或研发阶段何时结束,开发阶段何时开始。请记住,项目初始要求(PIR)申请表或类似的文档通常可用于开发流程的可行性或研究阶段的开启。这份文件让研发人员围绕设计思路进行尝试,并试图确定该产品是否可行。即使在工业研究领域,任何人在考虑开发新产品之前,也有一些未知因素和某些基本事实需要研究,量化和解释。研究或可行性阶段也应该用来决定该产品是否存在商业机会,即市场是否想要它,并愿意为此产品付出多高的价格。

因此,我们现在进入开发阶段,需要在制作第一个原型时实施设计控制流程程序。真的要这样做吗? 也不一定。在实际开发开始之前,有时甚至在完全理解输入需求之前,制作几个原型可能是非常合理的。不要把原型设计等同于成品设计。早期原型通常缺少最终产品将具有的许多特征,并且通常不包括安全特征。这些早期的原型也不太可能代表产品将被制造或由预期材料制造的过程;它们是可行性模型。但是,当有足够的信息认为可能有新产品或新业务机会时,应启动设计控制流程程序,并确定,记录和批准设计输入。

现在我们已经完成了开发过程的可行性部分,并且(或者)我们都相信并同意我们有一个可行的产品,想要开发并推向市场。我们的下一步是查看任何可行性工作的结果以及从其他评估(如文献审查/临床评估、监管评审、标准评审、市场研究、竞争产品等)中获得的输入,定义并正式记录产品需求。设计输入文件(DID)的启动应用于记录你的输入,帮助巩固设计输入活动的结果,并促进将产品要求转换为设计规范。设计输入文件(DID)的模板可在附录 B中找到。

由于每件事都必须从某个点开始做起,让我们假设起点是从定义新产品的性能特征开始。

性能特性,即用户要求

适应证

我们需要提出并回答的第一个问题是：器械的用途是什么？第二个问题是：患者是否会影响器械使用——例如,在患者的听力、视力、体力、活动能力、年龄等方面是否有任何限制？

任何曾经向 FDA 提交过上市前通知(510k)的人都应该熟悉这一要求,因为提交要求之一是提交单独的"适应证"专页。话虽如此,使用说明或声明通常来自模仿竞争对手的器械,并且通常由该器械所属的注册编号和(或)产品代码决定,除非你正在设计一件无先例的新器械,或者在现有器械上添加以前没有明示的适应证。根据 FDA 要求,适应证声明应描述该器械将诊断、治疗、预防、治愈或缓解的疾病或病症,并包括对该器械目标患者人群的描述(参考 21 CFR 814.20[B][3][I])。器械的预期用途定义了器械的功能,并包括使用适应证。

让我们举一个伤口敷料的例子。在开发周期的这一节点上,定义使用适应证必须更具体,而不只是说："我们想开发一种伤口敷料。"仅仅用笼统的通用术语说产品应该是什么或者应该做什么是不够的。如果你在 FDA 医疗器械数据库的产品代码部分下输入"伤口敷料",结果将是许多不同类型伤口敷料的列表,这些伤口敷料具有不同的指定法规编号和器械类别。例如,此类别中具有不同预期用途和(或)技术(如材料、形式)的产品可能具有不同的风险和收益,并需要进行不同的分类。因此,清晰、简洁、准确地定义使用适应证是重要的第一步要求以确保你设计的产品满足市场、患者、最终用户和产品预期使用的监管环境需求。

假设定义我们的伤口敷料应该适用于慢性伤口。适应证这样写够具体了吧？同样,可能还不够详细。我们需要决定是否计划销售一种适用于所有慢性伤口的产品,或者是否有禁忌症。该产品是否适用于腿部溃疡或压疮,或两者兼而有之？被感染的烧伤、手术伤口或慢性伤口怎么办？有没有其他类型的伤口,我们的研究表明,是适合该产品的？不要忘记,这些输入应该基于相对可靠的数据。这并不意味着我们不能对产品性能有各种期待,但如果所有的初步工作都表明,这种新的伤口敷料不能治愈伤口,而且添加任何东西都不会改变这一点,那么就不要说适应证是"治愈慢性伤口"。如果你这样做,它可能会引起一系列事件,而且这将无法确保产品开发达到其目标,甚至可能完全失败。

注意(尽管每个人都应该很清楚这一点),设计输入文件(DID)的这一部分是为了定义使用的适应证,而不是产品的功效。**功效**的定义将在后面介绍。此外,这些是来自产品开发之前工作的设计输入，或者是对已上市并可能已获得 FDA 上市前批准的产品进行持续工作的结果。

请记住，已上市"旧"产品的新适应证通常需要新的 FDA 申请。比如，如果输入信息表明，你已经在市场上销售并被批准用于慢性伤口的伤口敷料，它在处理无法愈合的手术伤口时也可能是安全有效的，则即使该产品已获"批准"，也有必要针对这些新适应证向 FDA 提交新的申请。这种新的适应证也可能触发不同的功能和性能要求以及后续的验证和确认。

临床使用程序

下一个输入要求你定义产品的使用方式。此时，你从初步研究或竞争产品文献中应该可以获取足够具体的信息。该输入或信息将转换为你的"使用说明"，并应包括使用前的组装或设置和（或）清洁、消毒、灭菌、检查或测试的任何要求。一些细节可能仍不确定，需要验证和（或）确认，但此时你应该知道使用的一般程序。例如，如果你计划开发可重复使用的手术器械，你可能不知道使用哪种灭菌方法是合适的，或者所需的具体参数是什么和（或）哪种清洁或消毒溶液是足够的，但你会知道是否需要这些步骤。请记住，此章节有多个受众的考虑。它不仅告诉工程师他们需要将哪些设计参数和要求加入正在进行的设计中，而且在编写时还应考虑到患者和（或）最终用户。这意味着应使用适合技术/工程人员、受过培训的人员或专业人员或外行的词汇编写说明。即使器械"仅供医生使用"，使用说明也应尽可能简单。图片通常是显示这些信息的有效手段。随着设计和开发的不断进行，应重新评审使用说明，以确保其准确，全面和充分。

使用相关设置和环境要求

错误定义"相关设置/使用环境"要求可能会严重影响产品推出。这种特殊的输入将会有一些技术和临床方面的内容，但它应该被认为是一种市场营销输入。通过回答"该产品目前在哪里或最有可能在哪里使用？"这一问题，可以很容易地解决。有人可能还会问，我们在哪里能看到这种产品的使用？

此时，你已经定义了使用的适应证。所以现在你需要问，这个已定义的适应证通常在哪里治疗或管理？几个答案可能会浮现在你脑海中，如医院、家庭保健和疗养院。根据正在开发的器械，答案可能是三者都有。但这些可能是标准答案。也许还有其他当前或潜在的使用市场，如医生办公室、手术室、急诊室、救护车、康复设施，门诊诊所等。正如你所看到的，这个问题的答案将有助于确定该产品的总体市场。几年前，谁会料到机场和航空公司会成为除颤器的市场？

新产品可能已经经历了可行性阶段,同时瞄准了公司当前的目标市场。但也许在这一过程中,市场营销部门意识到这种新产品具有更广泛的用途。或者,该产品可能是针对该公司以前从未开发过的全新市场。或者新产品将把当前的公司产品系列推入以前从未考虑过的新使用环境中。如果是这样,确认产品是否满足这些环境中的用户需求将非常重要。这一新的输入还应触发对公司资源的检查,以确保资源充足。例如,是否需要对销售人员进行专门培训,以确保正确销售或使用该器械,和(或)是否需要更多的销售人员来弥补增加的市场潜力? 作为设计流程的一部分,如果你希望成功推出产品,则需要在推出之前解决这些任务。

用户的医疗专业背景

这应该是一个相对容易定义的输入。为了满足这一要求,你可能会问,该产品是否需要医疗保健专业人员的指导,还是可以由患者或外行直接使用? 如果患者/外行可以使用该产品,需要什么样的教育水平? FDA 对使用说明书的期望是,它们应该以七年级的阅读水平编写。如果产品需要专业人员(如护士、技师、医生、护理人员、医师助理等)的指导,则需要什么水平(级别)的专业能力? 如果器械的使用显示为"仅限处方使用"(如医生),是否要求医生接受专门培训才能使用该器械? 某些器械要求最终用户是注册护士或者可能是受过训练的医疗技术人员。此问题的答案将决定所需的指导或培训级别(如有)和(或)需要涵盖的内容以及产品使用说明中内容的详略。

患者群体——纳入和排除标准

这是设计团队通常相对容易定义的另一个特征。大多数医疗器械被设计用于治疗或管理特定的适应证,同时可以定义患者群体。但正是它的简单性使得输入可能产生误导。例如,假设我们正在开发一种用于治疗尿失禁的器械。那么,患者群体是不是所有患有任何形式尿失禁的人? 答案是"可能不是"。首先,该器械适合男性还是女性,成人和(或)儿童? 如果我们继续这个例子,称这是一种女性尿失禁器械,那么我们就减少了一半以上的患者人数。如果它是一种女性压力性尿失禁器械,它可能会再次将原来剩下的 50% 患者数量再减少一半。该器械是否适用于女性压力性尿失禁患者? 答案可能会导致占总人口数中的比例更小。

定义患者群体特征的另一部分是定义禁忌症。是否有一组患者不可使用该器械,如儿童、老人或患有某些疾病的患者? 是否存在一种成分可能会引起某些人的过敏反应,如乳胶、邻苯二甲酸盐? 是否存在可能干扰新器械正常和安全功能的情况或条件,甚至是其他器械(如 MRI 兼容性)? 新器械是否会干扰周围环境中的其他情况？以上及类似问题的答案将有助于确定禁忌症，从而确定最终的患者群体。

用户接口/人体工程学考虑

了解目标用户对器械及其使用环境的期望、能力和限制非常重要。理解和优化人们使用技术和与技术交互的方式，通常称为"人因工程""可用性工程"或"人体工程学"。设计团队的目标应该是设计一种使用起来相对容易和安全的器械。FDA质量体系法规第820.30(C)、(f)和(G)段中说明了在设计和开发过程中考虑人因工程的要求。

对于任何器械，用户群体的能力和限制可能是相对统一的；然而，用户群可能包含具有显著不同能力的子群体，如年轻用户和老年用户，或家庭用户与专业医疗保健提供者。疲劳、压力、药物或其他精神或身体状况也会影响器械用户的能力水平。家用器械可以在多种情况下的不同环境中使用。比如，家用器械应考虑器械将在何处使用，以及这些位置如何影响用户和器械的功能和安全有效操作的能力。因此，设计团队需要考虑用户和用户接口、器械和使用器械的复杂性以及使用环境。

在用户群体方面，一些重要特征可能需要考虑，包括：

- 基本健康状况和精神/情绪状态；
- 体型和体力；
- 感官能力（听觉、视觉、触觉）；
- 协调（手的灵活性）；
- 认知能力和记忆力；
- 以前的器械、培训或期望方面的经验。

用户接口包括操作和正确维护器械所需的所有组件和附件，包括控件、显示器、软件、操作逻辑、电源、互联网访问/无线技术、标签、说明等。一些会导致使用错误的设计特征，包括：控制和指示器、使用的符号、测量单位、人体工程学特征、物理设计和布局、警告的可见性、报警信号的可听性、颜色编码的标准化等。

以上特性应考虑到产品的预期用途，以及需要进行哪些临床使用测试来验证这些预期。并非所有医疗器械都需要进行临床评估，但需要了解使用你的产品将会或可能发生的结果是必要的。任何公司在没有进行任何类型的临床评估的情况下开发医疗器械是令人难以置信的。即使对于简单的产品，临床使用测试也很重要。否则，你怎么知道你的产品在某种使用条件下如何工作？评审竞争产品文献、临床研究、不良事件报告、召回等将有助于识别潜在和实际的器械使用和误用错误，也有助于确定在设计和开发过程中可能实施的解决方案，以消除或减少此类错误。

讨论此特性时,一些问题可能需要考虑,包括:

- 用户如何与器械用户接口交互?
- 是否有任何与用户界面相关的物理特性? 物理限制可能是什么,如尺寸、形状、重量等?
- 希望用户执行哪些操作?
- 使用器械需要一只手还是两只手?
- 环境是否会影响用户界面,如噪声、振动、运动、光线等? 例如,如果在嘈杂的环境中使用,若警报声不够响或不够明显,则用户可能无法注意到警报。同样,运动和振动可以影响人们能够执行精细物理操作的程度,如在医疗器械的键盘上打字。如果标签亮度、打印尺度或视觉显示不足,用户可能无法准确读取器械标签或显示比例,或者器械状态指示器可能对用户不清晰。如果用户是色盲,怎么办?
- 器械如何供电和(或)器械可能连接到哪些其他器械? 器械是否可能连接不正确?

我们将在后面的章节中更详细地讨论人因工程和风险评定。

产品特性,即产品要求

根据维基百科,"产品特性是描述产品在更大系统中满足其目的的能力的属性或特性。因此,产品特性描述了你的产品是什么,而不是它应该做什么。每一个产品特性都会对产品的每一个基本属性产生影响。产品的基本性能是尺寸、形状、质量和惯性、材料和表面光洁度(包括颜色)。"

设计输入文件需要明确定义器械的产品特性,即器械应该是什么。正是从这些输入中产生输出,并随后进行验证和(或)确认,以确保器械设计和工艺满足这些要求。产品特性可能包括:

- 物理特性;
- 化学特性;
- 生物学特性;
- 环境特性;
- 灭菌和无菌屏障特性;
- 包装和标签特性;
- 器械接口特性;

• 安全和可靠性特性。

接下来，让我们来详述每项产品的特性。

物理特性

产品的物理特性，如尺寸（长×宽×高）、重量、形状、形式、颜色等，应清晰准确地定义。关于器械的物理特性，不应该有任何未知或无法明确说明的特性。这不仅包括器械的尺寸，还包括限制和可接受的公差、测量准确度和精度。如果你认为这些尺寸和公差只是工程和制造方面的问题，实际上并非如此。你去询问一个接受结肠造口术的患者，如果腔内排泄物收集袋的尺寸不合适造成不便，是否是一种好产品。

不要忘记，这里你要定义产品可能需要的不同尺寸或形状，以及产品是否是便携式的，如果是，这意味着什么，如重量或尺寸要求/限制或器械保护要求等。你还需要考虑如何为器械提供能源，即如何将能量输送到器械——手动（如手动复苏器）、电池（如喉镜手柄）或通过连接到电源插座（如超声波机、监护仪）。器械是否具有随时间变化的物理特性，如外观、黏度、弹性、抗拉强度、爆裂强度或电阻？如果是这样，这可能会影响器械的保质期。

请记住要识别和（或）区别器械的基本要求与"想要或最好能有"的要求。"花里胡哨"可能很好，但基础要求是必不可少的。

化学特性

在开发医疗器械时，材料/组件的选择非常重要。

在选择材料/组件时，你需要考虑化学降解的可能性（即器械的任何材料或组件是否会随着时间的推移而降解，从而对器械的安全性或性能产生不利影响）、化学相互作用（即材料或组件是否相互作用以改变器械和（或）导致器械执行预期功能的能力退化），以及生物安全问题。通常，制造商认为他们在其医疗器械中使用的是"通用"材料（即与其竞争对手相同的材料）。然而，当被要求提供该材料安全性的依据时，制造商却一片空白。你需要证明在使用**你的**制造过程制成产品后，其材料与竞品是具有可比性的。此外，你不能因为材料符合 USP Ⅴ类或Ⅵ类要求，就认为它们用于你的器械是足够安全的。

化学表征是一种公认的方法，用于将一种成品制造材料与另一种材料进行比较，以证明它们在临床上是相同的，或者一种材料和当前使用的材料一样好。ISO 10993-18——材料的化学表征，为材料的鉴定及其化学成分的鉴定和量化提供了一个框架。这一过程将有助于证明动物生物相容性试验的性能或遗漏，测量医疗器械中可沥滤物的水平,判断拟议材料与临床确定材料的等效性,或帮助筛选潜在的新材料,以确定你的医疗器械是否适合拟议的临床应用。

你的设计输入文件(DID)应识别或提及构成你的成品器械的所有材料/组件,即化学配方,并考虑到任何相关的潜在危险,如易燃性、毒性等。当今的许多医疗器械都是由聚合物或聚合物的混合物组成的,因此了解这些聚合物所含的任何添加剂的类型和比例非常重要。塑料通常含有增塑剂、稳定剂和填充剂,用于使材料更加柔韧,透明,耐用和持久。邻苯二甲酸酯化合物或邻苯二甲酸酯是邻苯二甲酸的酯,主要用作增塑剂。任何参与聚氯乙烯血袋或医用管道制造工艺的人都知道,PVC是一种很受欢迎的材料,因为它坚固,柔韧,易于消毒,而且不易扭结。据美国化学理事会(American Chemistry Council)称,尽管在医疗器械中使用邻苯二甲酸酯似乎存在很多争议,但一些研究表明邻苯二甲酸酯与人类健康存在联系,但没有一项研究证明存在实际的因果关系(即邻苯二甲酸酯是此影响的原因)。此外,在欧盟健康与环境风险科学委员会于2008年10月提交的一份意见书指出,在人体中观察到的邻苯二甲酸二乙基己酯(DEHP)剂量下,DEHP暴露并不代表会对人类产生相关的癌症风险。

在准备使用器械时,更重要的是要考虑在使用过程中材料的化学相互作用问题。例如:

- 用可溶于乙醇或其他溶剂的聚合物材料制造用于手术室环境的外科手套是不明智的。
- 如果器械的正常功能需要一种不包含在器械中的材料,如"壁式供氧口"中的氧气,则应考虑并确定该材料/药物的相互作用。
- 构成骨科植入物的某些部件必须相互接触或摩擦,尤其是在人工关节的情况下。因此,选择相互摩擦的两种材料对于最大限度地减少磨损或损坏非常重要。当植入物磨损时,材料的微小颗粒从表面脱离并保留在植入物周围的组织中。在某些患者中,这些颗粒可能会导致炎症反应。如果炎症严重或持续时间过长,植入物可能会松动。
- 体液中的一些正常化学成分可能会损坏某些材料。当这些化学物质与植入物材料发生反应时,植入物会发生腐蚀,产生类似于磨损产生的微颗粒。腐蚀不仅会削弱植入物,而且产生的颗粒会留在植入物周围的组织中。这最终可能导致植入失败,或者在严重的情况下,对骨骼造成损伤。

正如你所看到的,在为你的医疗器械选择材料或组件时,需要考虑很多因素,并且你的选择将影响你的器械所需的生物测试。

生物学特性

当你考虑生物特性时，你应该会想到生物相容性这个词，生物相容性是什么意思呢？简单地说，生物相容性意味着材料对生命的影响，是材料与身体相互作用的反应。一般来说，生物相容性是用于描述材料暴露于身体或体液的适宜性的术语。如果一种材料能够让身体在没有任何并发症（如过敏反应或其他不良反应）的情况下发挥正常功能，则该材料将被视为生物相容好（在该特定应用中）。如果使用不具有生物相容性的材料，可能会出现并发症，例如：

- 接触点或渗出液与身体相互作用处的长期慢性炎症；
- 产生对细胞有毒的物质（细胞毒性）；
- 细胞破碎；
- 皮肤刺激；
- 再狭窄（治疗后血管变窄）；
- 血栓形成（形成血块）；
- 植入物腐蚀（若使用的话）。

某些材料，如铅和汞，当人体吸收后自然是有害的，因此不适合做植入物。其他不适合做植入物的材料，因为体液会导致材料分解，要么削弱它们，要么导致腐蚀或产生其他副产物。某些材料可能会导致过敏或刺激，或可能导致过敏反应。

通过生物学评价，以确定器械的组成材料与人体接触所产生的潜在毒性。器械材料不应直接或通过释放其材料成分，而

1. 产生局部或全身的不良反应；
2. 具有致癌性；
3. 产生对生殖和发育的不良影响。

生物特性需要考虑器械的预期临床用途、接触时间（即器械的使用时长）和预期接触（即器械及其组件在正常使用过程中可能接触的组织和体液）。当前的法规要求将临床前和临床阶段对器械进行安全测试作为监管许可程序的一部分。评估产品安全性和合规性所需的特定安全测试的数量和类型将取决于成品器械的个体特性、组件材料及预期临床用途。

通常用于帮助确定生物学测试要求的可接受行业标准是 ISO 10993 - 1《医疗器械生物学评价——第 1 部分：评价和测试》。FDA 发布了一份名为《国际标准 ISO - 10993 的使用，医疗器械的生物学评价——第 1 部分：风险管理过程中的评价和测试》的指南文件，以提供有关在风险管理过程中使用 ISO 10993 - 1 标准的进一步说明和信息。该文件还纳入了几个新的考虑因素，包括使用基于风险的方

法以确定是否需要进行生物相容性测试、化学评估建议以及针对具有亚微米或纳米技术组件的器械和由原位聚合和(或)可吸收材料制成的器械为生物相容性测试样品制备的建议。这份文件涵盖了 ISO 10993-1 的使用,但也与其他生物相容性标准相关(例如,ISO 10993 系列标准的其他部分、ASTM、ICH、OECD 和 USP)。本指南文件取代了 FDA 的 G95-1 备忘录,标题为《国际标准 ISO-10993 的使用,医疗器械的生物学评价——第 1 部分:测试评价》。

值得注意的是,FDA 指南认为生物相容性评估是对医疗器械最终成品的评价,包括灭菌(如适用)。然而,重要的是,要了解每个器械组件的生物相容性以及组件之间可能发生的任何相互作用。当器械组件的组合可能妨碍生物相容性评价的解读或使之复杂化时,这一点尤其重要。例如,如果金属支架具有可能随时间推移自行分离的聚合物涂层,那么最终器械生物相容性评估的结果可能无法完全反映器械的长期临床性能,并且可能需要对具有和不具有该涂层的支架分别进行生物相容性评价。

ISO 10993-1 矩阵和 FDA 更新后的矩阵为测试的选择提供了一个框架,而不是每个所需测试的检查表。同样,所需的特定测试将根据医疗器械、其预期用途、使用的持续时间和频率以及侵入性的程度而有所不同。因此,需要清楚地记录这些信息。

测试项目的选择

用于生物学评价的试验以及对此类试验结果的解读,应考虑材料的化学成分,包括器械或其成分接触人体的条件以及性质、程度、频率和持续时间。一旦确定了这些因素,就可以使用 FDA 的更新后的矩阵和(或)ISO 10993-1 矩阵来确定为你的医疗器械推荐的测试。请记住,确定所需进行何种生物相容性测试的第一步应该包括器械材料的化学特性以及这些材料与现有临床使用材料的比较。这种化学特性可以证明需要执行或省略其中一些测试的合理性。之前引用的 FDA 指南文件提供了一个流程图,以说明如何进行生物相容性评价。除非风险分析或现有数据另有说明,否则大多数医疗器械都需要进行细胞毒性、致敏和(或)刺激测试。

环境特性

环境特性包括在运输、储存或使用过程中可能对器械或其组件产生不利影响的环境因素。它包括可能影响器械本身、器械用户(如医生、护士、技术人员等)或预期使用环境中患者的环境条件。

设计输入文件(DID)需要记录与运输、储存和使用相关的任何预期因素。要检查的环境因素取决于你的器械、其预期用途和使用环境,可能包括温度、湿度、大气气体成分和压力、能量、电磁干扰、静电放电、辐射发射、噪声、振动、运动、照明、冲击、水分、气流和供水等。在设计家用器械时，你还需要考虑一系列的家庭环境。

运输和储存

医疗器械通常通过卡车、飞机、轮船或火车运输。这意味着运输包装及其内容物将受到：

- 振动和冲击；
- 温度波动和湿度变化；
- 大气压力变化。

因此，了解运输和储存条件可能对器械/组件产生的影响非常重要，了解运输和储存条件便于选择正确的材料和（或）采取措施来消除或减少对器械的不良影响。

在某些环境条件下，材料特性可能会被破坏——例如，如果经受高温，材料可能会软化甚至熔化，或者如果经受极低温度，材料可能会变脆并断裂。在大多数正常条件下，相对湿度（RH）为 0～70% 的湿度可能不会对光固化黏合剂产生影响；然而，任何住在佛罗里达州的人都知道，夏季的湿度可高达 95% 或更高。长期处于 70% 或更高的相对湿度和高温下的器械或材料可能会遇到固化时间、化学特性和（或）黏附特性方面的问题。

几年前，我在佛罗里达州的一家公司工作，该公司生产一种压力性尿失禁器械。制造过程的一部分需要使用黏合剂将两个组件黏合在一起。在夏季，这些零件总是需要两倍的时间才能固化，并且经常出现黏附问题，如产品使用时间缩短。该器械原本可以佩戴 3～5 天，而组件却在 2～3 天后开始分离。由于这是一个压力性尿失禁器械，产品失效可能会非常令人尴尬。

温度和湿度也会损坏无菌包装的完整性，并影响器械的货架寿命。《医疗器械指令 MDD》附录 I 要求医疗器械的设计和制造应确保在储存或运输过程中保持无菌状态，前提是遵循制造商声明的储存和搬运说明。因此，为了确保你的器械能够承受可能遇到的预期环境因素，你需要进行加速老化研究和各种环境挑战测试，以确定和证明包装标签上给出的任何到期日期。任何已知的储存和搬运限制或约束都应在使用说明书或器械标签中说明。

医疗器械储存不当导致的问题并不是一个新现象。1999 年，英国药品和保健品管理局（MHRA）发布了关于无菌医疗器械储存的安全通知。它指出，使用塑料、聚合物材料和乳胶组合物及其包装材料制造的医疗器械可能会脆化、腐烂、染色或恶臭，原因如下：

- 过冷或过热；

- 灰尘或其他颗粒物污染;

- 湿度过大或其他潮湿条件;

- 阳光直射或其他强光源(如紫外线);

- 储存时间过久。

使用环境

使用环境也要慎重考虑。器械的使用地点可能会有很大差异,并可能对器械的使用和与使用相关的危险产生重大影响。在低压力条件下可以安全使用的器械在高压力条件下使用可能是困难的或危险的。如果设计不当,使用环境也会限制视觉和听觉表现的有效性。对于在嘈杂环境中使用的器械,如果警报声音不够响亮或不够明显,用户可能无法注意到警报。类似地,运动和振动也会影响用户能够执行精细物理操作的程度,例如在医疗器械的键盘上打字。运动和振动也会影响用户读取显示信息的能力。显示器和器械标签的重点考虑因素应包括环境光线水平、视角、字体大小以及使用环境中是否存在其他器械。如果器械在光照条件下使用,用户就可能无法看清显示刻度或器械状态指示器。在明亮的照明条件下,由于对比度不足,其他显示信息也可能会丢失。

物理位置也可能妨碍器械使用。例如,较旧的建筑物可能具有不符合电气规范的插座或插座数量有限,或者器械可能依赖于接收不到的无线信号。如果器械预计将在配有 MRI 机器的房间内使用(如轮椅、压力计),或植入可能接受 MRI 扫描的患者体内(如颅内动脉瘤夹、接骨螺钉),那么你需要确保所有器械材料均与MRI 兼容,即不含铁,并进行适当的测试以验证兼容性。

正如你所看到的,在设计输入阶段有很多事情需要考虑,这个过程可能会占用30%的总设计和开发时间。

灭菌和无菌屏障特性

许多医疗器械都是无菌的,或者在使用或重复使用之前需要灭菌。因此,你需要确定灭菌剂或灭菌方法以及任何相关参数。例如,如果要使用辐照进行灭菌,则需要指明辐照剂量。如果使用环氧乙烷(EtO)进行灭菌,则需要指出可能在器械上的 EtO 残留物的最大残留量。如果使用湿热(如高压灭菌器)进行灭菌,则需要说明配置(如重力置换或预真空)、温度和时间。此外,还应注明无菌保证水平(SAL)。大多数器械的 SAL 预计为 10^{-6},除非该器械仅用于与无损伤皮肤接触。FDA 建议仅与无损伤皮肤接触的器械的 SAL 为 10^{-3}。

灭菌方法

选择的灭菌方法需要适合器械及其制造材料,因为材料可能会受到所用灭菌剂或灭菌过程的不利影响。例如，某些聚合物，无论是合成的还是天然的，在暴露于电离辐照后都可能降解。在作为气体屏障的材料或装置上使用 EtO 灭菌过程是不切实际的，甚至可能是危险的，因为 EtO 气体的去除将是一个重大问题。

传统的灭菌方法包括：

1. 高温/高压，如蒸汽高压釜、干燥高压釜；

2. 化学品，如环氧乙烷气体(EtO)、Sterrad®（过氧化氢气体等离子体）、Steris®（过氧乙酸）；

3. 辐照，如伽马射线、X 射线、电子束。

其他非传统方法包括臭氧、二氧化氯、微波辐照、紫外线、声波、气相过氧化氢等。因此，目前存在各种灭菌方法/标准。最常见的有：

- ISO 17665 适用于湿热灭菌；
- ISO 11135 环氧乙烷灭菌；
- ISO 11137 辐照灭菌。

无菌加工

如果你的器械是无菌的，但不能进行最终灭菌（即器械/材料不能耐受这些方法），则无菌加工将是所选择的方法。无菌加工要求对整个产品进行灭菌，然后放入灭过菌的包装中，或者对产品的组件进行灭菌，然后进一步加工/组装，并将最终产品包装入无菌包装中。无菌加工要求无菌容器和器械或其组件的搬运和灌装在受控环境中进行，其中空气供应、材料、器械和人员均受到监管，以便微生物和微粒污染控制在可接受的水平。随后的无菌测试将验证产品是否无菌。无菌加工要求参考 ISO 13408 或 EN 556。

可重复使用医疗器械

可重复使用的医疗器械需要设计为在医院环境中灭菌后安全有效地使用。根据定义，它们的设计必须能够承受多次接触消毒剂或灭菌。在不丧失有效功能的情况下，器械可以经受的灭菌次数将有助于确定其使用寿命。因此，如果器械要重复使用，需要确保你选择的灭菌方法不仅足以确保无菌，而且还能确保器械的正常功能，并在再处理后具有物理完整性和生物相容性。因此，需要在使用说明书中确定再灭菌条件和器械或材料可承受的灭菌次数。这当然需要确认数据来支持灭菌过程。

请记住，家庭用户难以获得专业医院随时可获得的清洁、消毒和灭菌用品。因此，家用器械需要设计为使用现成的用品进行清洁、消毒或灭菌，并使用器械标签（如使用说明）中明确描述的简单方法。

如今，许多可重复使用的医疗器械都需要再处理。再处理的定义是使以前使用过或受过污染的医疗器械,经再处理后再使用。再处理包括清洗和随后的消毒或灭菌。器械用于患者之后,清洗器械是关键的第一步。如果不能从器械的外部和内部清除异物,可能会影响后续消毒和(或)灭菌的有效性。进行消毒或灭菌以杀死微生物。

可重复使用医疗器械的制造商有责任支持任何产品重复使用的声明,并提供关于如何在患者使用后对其器械进行再处理的说明,包括要使用的材料和设备。因此,如果你的器械可以再处理,那么你需要在使用说明中明确经过确认的清洁方法和消毒或灭菌确认方法。同样,清洁和消毒或灭菌的方法将取决于你的器械的预期用途。必须考虑暴露于化学品(如清洁剂、消毒剂和清洁、消毒和灭菌过程)可能对器械产生的影响,例如功能性、浸出、开裂、加速磨损、降解、材料的化学反应等,从而影响器械的安全性及其有效性。制定的方法应考虑器械的预期污染类型、器械设计特点以及患者暴露于病原体的可能性——高风险(关键器械)、中等风险(中等关键器械)或低风险(非关键器械)。

注意:本节关于再处理的讨论不包括一次性器械的再处理。

FDA关于再处理说明的6项标准包括:

1. 标签应反映器械的预期用途;

2. 可重复使用器械的再处理说明应建议用户彻底清洁器械;

3. 再处理说明应指出适用于器械的灭菌工艺;

4. 再处理说明应在技术上可行,并仅包括合法销售的装置和附件;

5. 再处理说明应全面;

6. 再处理说明应易于理解。

有关再处理医疗器械的指南,请参见FDA名为《卫生保健环境中的再处理医疗器械:确认方法和标签》的指南文件。

包装和标签特性

需要定义特定包装材料及其配置的描述。所选择的包装类型应在很大程度上取决于被包装器械的特性。这些包括尺寸、形状、轮廓、不规则性、密度、重量和配置(如单个包装或套件包装)。

作为一般规则,包装具有3大功能:保护、实用和交流。器械包装需要在运输和储存期间保护器械免受环境影响,并在其整个生命寿命期间保持包装完整性。无菌完整性丧失是最常见的包装故障类型之一,通常是由于与器械相关的包装材料尺寸不当造成的。如果包装设计或尺寸相对于其产品不正确,则不必要的移动可能会在运输过程中造成损坏,并导致无菌屏障系统失效。用于一次性用品的医疗器械包装不仅必须保持无菌屏障系统，而且在许多情况下，还必须满足内部器械的无菌性。

应根据最终用户或患者的易用性对包装进行明确定义。对于许多器械来说，快速方便地打开和取出内容物是至关重要的。包装设计在开启功能中起着关键作用。当使用者戴着外科手套时，如果器械难以从其包装中取出，则打算在无菌手术室中使用的器械将很少有满意的用户。如果器械的预期用户是截瘫患者或四肢瘫痪患者，那么包装可以容易地打开，而无须他人的帮助，这一点很重要。

医疗器械的外包装和内包装也是通过示意图、文字和形状传达信息。对于非处方(OTC)器械，其包装的目的包括鼓励购买，以及传达安全和有效使用器械的重要信息。

当涉及器械包装要求时，你可能会提出许多问题。这些问题的答案当然会触发需进行验证和(或)确认输出的识别。例如：

- 器械是否无菌？如果是，你需要确保你的包装材料与使用说明书中选择或推荐的灭菌方法兼容。器械与其包装之间是否可能存在相互作用，从而产生不良影响？
- 需要采取哪些类型的保护措施，以确保在运输和储存过程中免受损坏和变质，如保护防止物理因素、紫外线、氧气、水蒸气传输等的影响？是否有必要进行运输试验/分销测试？
- 产品在哪里以及如何使用(柜台、手术室等)？
- 器械是否有保质期？如果是，你需要确保包装能够适当地维护器械，并确保其在规定的时间内正常工作，则需要加速老化研究并执行后续功能测试。

器械的"保质期"不应与器械的"使用寿命"相混淆。FDA 将器械的"使用寿命"定义为实际使用的持续时间或在某些改变导致器械无法实现其预期功能之前重复使用的次数和持续时间；"保质期"定义是指器械保持适合其预期用途的时段或期限；"有效日期"是指保质期的终止，在此之后，器械可能不再按预期发挥作用。

在将器械从内包装中取出用于患者之前，无菌器械必须保持其无菌状态。在过去，制造商经常要保证产品的无菌性，除非包装被打开或意外损坏。近年来，这种方法发生了变化。对于材料、包装形式和封口的任何组合来说，在这种不限的时间内保持包装的完整性是一个挑战。欧盟要求制造商提供有效期，以支持在规定的时间范围内维持无菌屏障系统。

要确定特定器械是否需要保质期并指定失效日期，必须考虑许多不同的参数。必须对器械进行分析，以确定其是否易受退化，从而可能导致功能故障的影响，以及故障可能存在的风险级别。对于某些器械，如压舌板，指定保质期是不合理的，因为这类器械随时间变化而失效的可能性很小,并且如果不能按设计执行,也不会造成严重后果。对于某些用于治疗危及生命状况的易退化器械,例如起搏器,在标注的保质期内,故障率应接近于0。

ISO 11607-1和-2:最终灭菌医疗器械的包装是医疗器械包装的主要参考指南,包括有关测试要求的信息(如密封完整性、材料完整性、分销测试和包装老化)。一般来说,ISO标准指出:包装材料应是合格的;应对包装进行测试;应进行过程确认,以确保产品得到保护,系统得到灭菌,并在整个分销过程中保持无菌状态。

设备接口特性

制造商被鼓励通过减少用户错误的可能性来提高医疗器械和设备的安全性。我们已经在前面的章节中研究了与用户接口相关的特性。现在是时候看看与设备相关的特性以及可能与你的器械接口的各种类型的健康信息技术交互相关的特性了。设计输入文件(DID)的这一部分应包括正确使用正在开发的器械所需的任何辅助或附属设备或医疗器械的描述,包括配套部件,如电源、连接、医疗器械数据系统、任何兼容性要求、标准化单位等,尤其是如果它们未与器械一起包装。

在紧急情况下,急救人员通常需要对呼吸困难的患者进行插管。急救车或紧急医疗救护技术员(EMT)在车/船上可能有几个喉镜刀片和手柄可用。因此,所选择的手柄与所选择的刀片相兼容是至关重要的,以便使喉镜如预期的那样起作用。请记住这一点,如果你正在设计喉镜刀片和(或)手柄,那么你需要确保刀片和手柄之间连接的互换性。例如,传统的喉镜刀片应当设计成与任何其他传统的喉镜手柄匹配,但是不该与光纤喉镜手柄匹配。因此,如果设计正确,紧急医疗救护技术员(EMT)将你的手柄与竞争对手的刀片一起使用也没关系。它们应该是兼容的。

你还需要考虑器械运行所需的能量类型(若有),例如,要向器械提供能量(电池、电、气体),还是通过器械的功能方面提供能量(激光、超声波、射频);如果使用外部电源,如果断电,是否有内部电池可用,其使用寿命是多少;是可充电的吗? 需要什么类型和程度的保护? 你的器械将与医用气体一起使用吗? 如果是这样,建议使用气体专用的不可互换连接。是否需要安全或切断阀来防止意外的过流或溢流(如压力)?

某些医疗器械需要日常维护或校准,如超声波器械。如果需要,你的器械将需要附带维护和维修说明,以保持医疗器械的安全水平。欧洲医疗器械指令在附录Ⅰ中特别指出了这一点。维护和维修说明应包括维护的性质和频率、安全检查、校准要求以及内部和外部质量控制。

许多医疗器械包含一个或多个软件组件或附件，有的器械仅由软件组成。如果是这样，则需要考虑许多要求。例如，哪些器械功能由软件控制，以及预期的操作环境是什么？关注程度如何，需要哪些文件？将使用什么编程语言、硬件平台、操作系统（若适用）？如何控制软件版本？接口［如硬件连接和（或）无线通信］、网络和网络基础设施要求是什么？如何保护数据免受有意或无意的未经授权访问？是否需要数据加密或用户身份验证？

关于器械接口问题，向 FDA 报告的最常见错误之一是器械附件安装不当。通常报告的错误包括：

- 管道连接到错误的端口；

- 连接松动；

- 意外断开；

- 电线插入不正确的电源；

- 电池或灯泡插入不正确；

- 阀门或其他硬件反向或倒置安装。

由于许多制造商为特定类型的器械销售各种各样的附件，导致这一问题变得更加严重。不同型号的附件通常在外观上相似和（或）难以安装，从而导致错误连接和断开。这类事故通常可以通过设计解决方案来预防。为此，你需要将器械组件和附件视为系统的一部分，而不是孤立的元件。这由 ISO 13485：2016 标准的设计验证和设计确认部分提供支持。第7.3.6节——设计和开发验证规定："如果预期用途要求医疗器械连接至或通过接口接至其他的一个或多个医疗器械，验证应包括证实当这样连接或通过接口连接时设计输出满足设计输入的要求。"第 7.3.7 节——设计和开发确认规定："如果预期用途要求医疗器械连接至或通过接口接至其他的一个或多个医疗器械，确认应包括证实当这样连接或通过接口连接时已满足规定的应用要求或预期用途。"

FDA 的指南文件"通过设计来实现"推荐了 7 条"经验法则"，以减少类似组件和附件之间的混淆以及发生不正确连接的可能性。这些规则如下：

1. 电缆、管道、连接器、鲁尔接头和其他硬件的设计应便于安装和连接。如果设计得当，不正确的安装应该是不可能的、也不会发生的，或者非常明显是错误的，可以很容易地检测到和纠正。

2. 使用说明应通俗易懂，警告信息应醒目。

3. 如果设计解决方案不能消除危险，颜色代码或其他标记将帮助用户实现正确的连接和组件或附件的安装。

4. 当连接的完整性可能因组件耐用性、运动或偶尔接触等因素而受到影响时，需要使用正向锁定机制。

5. 受保护的电触点(例如,导体是凹进的)对于可能无意中引入插座、电源线、延长线或其他常见连接器的主体引线是必要的。如有可能,应避免暴露接触。

6. 组件和附件应编号,以便有缺陷的可以用正确的物品更换。

7. 维护手册中应通过添加图形来减少文字复杂度。

尽管鲁尔连接器的错误连接是一个众所周知的问题,且有据可查,而且每个错误连接事件都有可能导致致命的后果,但它们还是会继续发生,因为鲁尔连接器:

- 轻松连接许多医疗组件、附件和输送系统;
- 广泛可用;
- 易于使用;
- 价格低廉。

向 FDA 报告的有关错误连接的后果的事件示例包括:

- 一名患儿的氧气管与其雾化器断开,并意外地重新连接到其静脉输液管上。虽然连接在几秒钟内就断开了,但它没有及时阻止导致患儿死亡的空气栓塞。
- 患者的血压管意外连接到患者的静脉(IV)导管,并输送了 15 mL 空气。该患者也因空气栓塞而死亡。
- 一名患儿的鼻饲管不慎被插入气管导管,以致胆汁流到患儿的肺部,导致死亡。
- 硬膜外装置错误地连接到患者的静脉输液管,从而将硬膜外药物输送到静脉,导致患者死亡。
- 静脉输液管错误地连接到患儿的气管套囊端口,导致静脉输液充满气管套囊直至破裂,并使静脉输液进入患儿的肺部。患儿死亡。
- 一名使用带有三个端口的中心静脉导管和一根气管插管的患者,无意中将用于中心静脉导管的药物注入了气管套囊。气管套囊损坏,药物进入患者肺部;然而,重新插入一根新的气管插管,患者活了下来。

根据你的器械,有许多可用的安全和性能标准,这些标准在设计和开发器械时是应考虑的基本要求。例如:

- ISO 5356——规定了用于连接麻醉和呼吸设备(例如,在呼吸系统、麻醉气体清除系统和蒸发器)的锥体和套筒的尺寸、测量要求。
- EN 60601-1——符合医疗电气设备要求的器械或组件的基本安全和基本性能要求。
- IEC 62304——医疗器械软件——软件生命周期过程。

安全和可靠性特性

应识别任何影响产品安全可靠使用的条件。这可能包括静电放电危险、特定电压和接地要求，或在应用、使用或移除/处置器械时建议使用的防护服和设备。除了与器械本身直接相关的要求外，还应包括使用器械人员的操作行为可能影响器械的安全应用。例如，任何在操作过程中使用氧气的器械都应考虑气体的标准。设计有保护使用者免受锐器伤害的组件或附件，以保护用户免受锐器伤害的器械应包括这一项功能，让用户能够容易地辨别锐器预防功能是否已启用，并防止在处置后停用。

我们都知道，我们的客户需要高质量的产品，客户将质量与可靠性联系在一起。客户希望他们购买的器械在其预期使用寿命内保持其功能和安全，即可靠。因此，一个关键要求或输入是设计满足客户要求的可靠器械。根据定义，可靠性是指零部件、设备或系统在规定的条件下（如环境条件、操作时间限制、规定时间内的维护频率）执行所需功能而不会发生故障的概率。我想我们都同意，如果你的器械不可靠，它就不会被认为是高质量的器械，你的客户可能会寻找其他替代品。

综上所述，你可能应该量化可靠性，即你的器械预计可以运行多久不会出现故障？进行故障模式和影响分析（FMEA）将有助于识别潜在的故障模式，以便采用设计解决方案来消除这些故障。来自类似器械的服务、维修和（或）召回的现场故障数据对于了解组件和器械在现场的行为是必不可少的。然后需要进行测试，以验证所采用的解决方案是否能确保你的器械达到指定的可靠性水平。加速寿命试验通常用于此目的，且可能涉及：

- 提高器械的使用率或循环率；
- 提高器械的老化率（如温度、湿度）；
- 提高测试单元运行的压力水平（如电压或压力）。

市场营销要求

设计输入文件（DID）的这一部分的目的是根据你希望在哪里销售你的器械，你希望把医疗器械卖给谁，以及你希望能够表达什么意见，来明确定义适用于你的医疗器械的市场营销要求。这应考虑到任何合同要求和（或）法规要求或法定标签要求。

目标市场

在市场营销游戏规则这方面,营销人员应该非常清楚自己想要在哪里销售医疗器械。你希望他们的预测是基于市场研究和详细信息,不仅包括销售人员想在哪里销售,还包括预期的市场份额或数量。不要接受"任何地方"或"国际上"这样大而化之的答案。我们都想在全球范围内销售我们的医疗器械,但这并不那么简单。

一般来说,每个国家/市场都有自己的监管机构和监管注册的要求,并且医疗器械获准在该国销售之前必须满足的监管和注册要求,而这些法规似乎在不断变化。有时,交错的方法是有利的,因为它需要花费大量时间与每个国家/地区的授权/营销代表和分销商建立安排/协议、收集所需信息以提交给监管机构,然后获得批准。

此外,你可能需要考虑将你的医疗器械销售给谁,如医院、大型采购团体、家庭用户、医生办公室、疗养院、医疗诊所、辅助生活设施、EMT(紧急医疗救护技术员)等,因为这将影响你如何传达产品信息的方式(如使用说明)以及你如何营销产品的方式。例如,医生可能希望将医疗器械包装为便捷套装,在这种情况下,你需要确保套装的所有组件都得到适当的控制/监管;大型采购团体可能希望批量供应产品;紧急医疗救护技术员或医疗诊所可能需要 10 个一包的产品;家庭用户可能需要单个包装的产品。

合同要求

合同要求也需要考虑,因为这些要求可能会导致项目计划的额外步骤或变更。这些可能包括与分销商、采购团体、医院等建立供应和定价的分销协议。这也可能包括与特殊包装、存储、搬运和交付相关的要求/输入。例如,欧洲的许多分销商不希望库存剩余保质期少于 18 个月的医疗器械。因此,如果你计划将你的医疗器械以加速老化的方式测试后投放市场,且该测试仅证明 1 年的保质期是合理的,那么你将无法满足此要求。使用标签的医疗器械既可以根据要求生成标签,并让客户对其进行审评和批准,也可以让客户向你提供标签。

声明

营销人员应记录需要对医疗器械做出的具体声明,比如,医疗器械的预期用途和预期做什么? 根据 21CFR 第 801.61 条,包装形式的 OTC(非处方)医疗器械的主要展示面必须包括器械身份标识声明和器械主要预期用途声明。此外,使用说明应包含在医疗器械的使用说明中。如果你在美国销售你的医疗器械，你所做的关于预期用途的任何声明通常由美国食品药品监督管理局（FDA）和器械所属的法规编号决定。任何超出法规编号规定的声明都需要后续批准［如新的510k或上市前批准（PMA）］。例如，根据FDA的产品分类数据库，下面列出的医疗器械具有以下预期用途：

1. 条款868.5800气管切开插管和管套：气管切开插管和管套是一种装置，用于放置在气管的外科手术开口处，以促进肺的通气。

2. 条款892.2050图像存档和通信系统：图像存档和通信系统是提供一种或多种与医学图像的接收、传输、显示、存储和数字化处理相关能力的医疗器械。

3. 条款878.5650四肢局部供氧室：四肢局部供氧室是一种装置，用于在围绕患者的四肢，并在略高于大气压的压力下局部应用加湿氧气，以帮助治疗慢性皮肤溃疡，如褥疮等。

4. 条款868.5905非连续呼吸机（IPPB）：非连续呼吸机（间歇正压呼吸 IPPB）是一种用于向患者肺部间歇输送气雾剂或辅助患者呼吸的装置。

5. 条款870.1340导管导引器：导管导引器是一种鞘管，用于帮助将导管穿过皮肤进入静脉或动脉。

6. 条款878.4018亲水性伤口敷料：亲水性伤口敷料是一种无菌或非无菌装置，用于覆盖伤口和吸收渗出液。它由具有亲水特性的不可吸收材料组成，这些材料能够吸收渗出物（如棉花、棉花衍生物、藻酸盐、葡聚糖和人造丝）。

你还需要确定并记录你打算为你的医疗器械做出哪些性能声明，即你是否声明符合了任何性能标准。

你也需要考虑你的竞争对手提出的声明，这样你也可以提出相同的声明。这些信息应记录在执行任何产品基准测试、文献评审、监管评审和（或）法规标准评审中。

所有拟在产品标签、使用说明、广告宣传片、海报、视频、展销会展位标牌、产品目录和公司网站上的声明也应记录在案。但是请记住，你所提出的任何声明都需要得到数据/测试的支持。声明权力要求的措辞应谨慎，并准确地表达任何已知的且可验证的关于该器械及其在特定适应证中的使用的科学和临床发现。

产品声明表是一份有用的文件，可用于记录医疗器械的使用适应证和声明，以增加医疗器械标签生成的一致性和可预测性。在表中你要列出你想要为医疗器械做出的每项声明，然后指明相关的支持数据来支持该声明，如测试、临床研究、市场或用户评价、文献综述等。然后对医疗器械提出声明，将受产品声明表中已证实的内容控制。表6-1展示了一个完整的气管切开插管的产品声明表。注意：通常应该指明相关的测试/报告编号。

表 6‑1 产品声明表示例

产品/产品系列：气管切开插管

预期用途：用于全身麻醉、重症监护、急诊医学气道管理和机械通气。

使用适应证：气管切开插管从气管中的切口插入患者的气管，以促进肺部通气。

产 品 声 明	支持数据(参考报告/测试编号)
无菌	灭菌确认报告 产品概述
5 年货架有效期	稳定性报告

闭孔器和导管应清楚标记，
以便于插入导管并减少创伤
	设计图纸
	测试报告
	产品概述
	支持文献：
	  气管切开插管和相关器械
	  关于气管切开插管你需要知道的所有信息

标准 15 mm 接头旋转适配器， 用于正确安装与呼吸设备的连接	设计图纸 测试报告 产品概述
用于安全定位的 X 射线不透性	设计图纸 测试报告 产品概述
高容量,低压袖带提供有效的低压密封， 降低气管壁的压力	设计图纸 测试报告 产品概述 支持文献： 关于气管切开插管你需要知道的所有信息
舒适的靠垫领圈	设计图纸 产品概述 测试报告
无毒	科勒莱材料证书-化合物编号 材料安全数据表
无刺激性	皮肤刺激试验- ISO 10993 - 10 肌肉植入试验- ISO 10993 - 6
无致敏性	延迟接触致敏研究- ISO 10993 - 10
无细胞毒性，无毒	细胞毒性测试- ISO 10993 - 5 肌肉植入测试- ISO 10993 - 6

续　表

产　品　声　明	支持数据（参考报告/测试编号）
100％不含乳胶柔软的医用级 PVC 在体温下软化并符合解剖结构，便于插入管子，减少创伤，增加患者的舒适度。它也抗扭结。	设计图纸 测试报告 产品概述 <u>支持文献：</u> 　气管切开插管和相关器械 　关于气管切开插管你需要知道的所有信息

警告/注意事项：

仅限一次性使用；
如果包装未开封且未损坏，则为无菌；
使用前测试充气袖带、先导气囊和阀门（若有）；
在插管前或重新定位导管前，将卸掉袖带（参考使用说明及避免袖带损坏）；
不要过度充气袖带。最大气压为 25 mmHg；
仅限处方使用-联邦法律限制本器械由医生销售或遵医嘱销售；
储存期间，应避免暴露在高温和紫外线下；
保持干燥；
储存温度低于 49℃（120 ℉）；
含有邻苯二甲酸二乙基己酯（DEHP）；
请勿重新消毒；
使用前验证呼吸器械的正确组装/连接；
建议在 30 天内更换气管切开插管。

禁忌症

必须小心避免激光束或电外科有源电极与该气管切开插管和其他气管切开插管接触。

　　强烈建议启动和维护产品声明表。当有新的信息/数据可用时，应更新产品声明表。附录 C 提供了一份产品声明表的模板。

标签要求

　　如前所述，你必须确定你希望将医疗器械销售到哪些目标市场的国家，因为许多国家都有特定的语言要求。看看欧洲就知道了。尽管 CE 标志允许进入欧洲经济共同体的每个国家进行贸易，但每个国家对产品标签都有自己特定的语言要求。因此，在可行的情况下使用符号是有利的，但要理解你选择的符号必须是可接受的，即符合适用的协同标准，如 EN 1041、ISO 15223、ISO 7000 和 ASTM F2508。

　　如果你的医疗器械需要使用说明，你需要确定这些说明是否会以纸质版的格式随医疗器械提供和（或）通过引用的网站以电子方式提供。

　　本部分还应用于定义其他章节中未提及的任何附加标签要求。这可能包括与医疗器械使用相关的任何预防措施、警告或禁忌症,这些注意事项、警告或禁忌症通常是医疗器械在一般情况下或特定的医疗器械设计中固有的。这可能包括与重复使用、无菌、储存、处置、材料(如乳胶、邻苯二甲酸盐)、医疗器械限制或兼容性等相关的警告。此外,美国海关要求进入美国销售的医疗器械产品必须在标签上标明原产国。

专利、商标和许可协议

在你开始正式设计和开发产品之前,市场营销部门应该进行专利和(或)商标搜索,以确保你没有侵犯任何现有的专利或商标。如果没有,则根据需要启动申请和(或)注册程序。此外,还应考虑和定义任何必需的分销或许可协议。

临床信息

根据 MEDDEV 2.7 - 1 临床评价——制造商和公告机构指南,制造商应证明其医疗器械在正常使用条件下达到预期性能,且已知和可预见的风险以及任何不良事件在与预期性能的受益权衡后均降至最低且可接受,并且任何关于医疗器械性能和安全的声明都有适当的证据支持。还记得之前讨论过的产品声明表吗?

一般来说,符合性的确认必须基于临床数据。所需要的临床数据的种类和数量将主要取决于临床声明中关于临床性能、临床安全性、不良反应和风险管理输出的结果,即剩余风险和有利的受益/风险比来确定。全球协调工作组 SG5 N2R8:2007 临床评价指南文件也涉及临床评价。

尽管 MEDDEV 指南文件适用于欧洲医疗器械法规临床要求的应用,但这些要求并非欧洲独有的。可能需要临床数据以支持 FDA 上市前通知(510k)提交,并且在大多数情况下支持 FDA PMA 申请。临床评价也是澳大利亚的医用治疗用品法规的要求。因此,在设计过程的这个阶段,你必须确定并记录医疗器械需要哪些临床数据(若有)非常重要。

如果需要临床调查/研究来证实性能声明,当然,在开始研究之前需要满足有关所需批准的要求(如 IRB - 21 CFR 第 56 部分)和启动临床调查/研究所需的文件[例如,知情同意书(21CFR Part50,附录 7/附件 X 第 2.2 节,欧盟 2017/745 号《医疗器械法规(MDR)》和 2017/746 号《体外诊断医疗器械法规(IVDR)》的第 59 条款)][1]和制定临床试验豁免(IDE)/调查计划和研究期间的适当的监测(如 EN ISO 14155 和 21 CFR Part 812)。

---

[1]　译者注:例如,知情同意书 21CFR Part50,附录 7/附件 X 第 2.2 节,欧盟指令 90/385/EEC,93/42/EEC。

监管和质量保证要求

需要确定在医疗器械可以在前面提到的地理区域推出之前需要满足的所有相关监管和质量保证要求，以确保相关活动包括在项目计划中，并生成所需的输出。

器械分类

首先应该是确定并记录你的医疗器械产品的分类。如前一章所述，你的医疗器械将被分配到哪个类别取决于医疗器械销售到何处以及管理该医疗器械的相关法规或分类规则。如果计划向多个国家/地区销售医疗器械，你需要识别每个国家/地区的医疗器械类别以及任何已知的相关医疗器械代码信息，即 FDA 法规编号和产品代码、GMDN 代码、UMDNS 代码、JMDN 代码。

器械批准要求

医疗器械批准要求也将由希望销售到的国家/地区和医疗器械类别决定。大多数国家/地区要求制造商或其代表（例如，分销商、进口商、制造商代表等）注册其公司并提交某种形式的医疗器械文件（例如，医疗器械许可证、510k、PMA、医疗器械产品列表、技术文件等）给监管机构，但须在该国家/地区销售医疗器械产品之前获得许可或批准。可能需要医疗器械的公告机构批准以及监管检查。

相关监管或协调标准

医疗器械通常需要按照良好的生产规范进行设计和制造，满足基本的设计要求，和（或）证明符合质量管理体系标准（如 ISO 13485 认证）。例如，要在欧洲分销医疗器械，你需要满足医疗器械指令（即，已成为医疗器械法规）的要求；加拿大要求遵守加拿大医疗器械法规；日本属于《药品和医疗器械法（PMD 法）》的管辖范围，要求遵守部级条例的要求（如 Mo 169）；澳大利亚有其医用治疗用品法规；巴西受 ANVISA 监管，主要是 RDC－16、56 和 185；美国要求遵守《联邦法规法典》的各个部分（如 21 CFR 803、807、820）。因此，你的产品输入需要包括任何相关的要求，如 ISO 13485 认证，MDSAP 认证。你还要考虑你计划遵守的任何相关标准和测试方法。这些标准可能包括与标签、包装、灭菌、生物相容性、硬度、颜色、电磁兼容性、风险管理、可用性、性能、安全等相关的 ASTM、ANSI、IEC、UL、CANCSA、ASQ、EN、ISO 等。

标签

在本部分中,你应该确定如何传达医疗器械信息,如产品标签、纸箱标签、使用说明、操作手册、电子标签等,并识别任何相关的标签要求,如所需的内容和格式、符号、法定单位、医疗器械唯一性标识(UDI)要求等。

不同国家的标签要求,包括但不限于以下内容:

- 美国＝21 美国联邦法规(CFR)801、830
- 加拿大＝CMDR 21－23
- 欧盟＝医疗器械指令 93/42/EEC 第 17 条款,附录 I,附录 XII①
- 巴西＝RDC 185 附件ⅢB
- 日本＝MLHW EP－第 17 条
- 澳大利亚＝TG(MD)法规条例 1.6,10.2,附表 1,P2,第 13 条

合同协议

合同协议包括外包供应商(如合同制造商、灭菌器、测试实验室等)可能需要的质量保证协议,以及授权制造商代表和分销商协议。

财务要求

可能应该考虑的设计输入,但在这里不打算涵盖财务要求。财务要求可能包括以下内容:

1. 潜在市场/数量;
2. 成本预测;
3. 竞争环境(如竞争对手、优势和劣势);
4. 建议预测/利润;
5. 资本规划(如工具);
6. 市场份额的百分比(如估计份额);
7. 总市场机会;
8. 资源评估(如设施/空间、人员、系统等);
9. 医疗保险/报销。

---

① 译者注:欧盟＝2017/745 号《医疗器械法规(MDR)》第 23 条款,2017/746 号《体外诊断器械法规(IVDR)》第 20 条款。

设计规范

　　设计输入需要用可以验证和确认的术语来定义，如每个需求/输入都应该能够通过客观的分析、检查或测试方法进行验证。你的设计输入也需要明确。

　　如前所述，定义设计输入是一个迭代的过程。因此，你的产品要求需要转化为可验证的和（或）定量的术语，以便能够识别和生成设计输出，以供后续的验证和（或）确认。工程人员通常是分配这项任务的人。将产品要求转化为特定的设计输入的工程转换结果是识别设计输入文件（DID）和随后编制设计规范文件。

　　完成后，设计输入文件（DID）将提供一种方法，将医疗器械产品要求与医疗器械规格进行一一对应，并记录/追踪设计输入的来源。在产品开发过程的后期，当可能需要变更或建议变更设计输入以理解相关性时，这一点尤其有用。设计输入文件（DID）也应用于启动输入/输出设计可追溯性矩阵（DTM）。

多走一步

　　在确定设计输入后，应对设计进行初始风险分析，以评估与医疗器械使用和潜在误用相关的潜在风险和危险。然后，应将风险分析的输出添加到设计输入文件（DID）（若适用）中，并召开设计评审会议，以评审和批准设计输入文件（DID）并启动设计控制流程。

　　设计输入阶段对设计和开发过程的重要性是显而易见的。在设计和开发过程开始时，制定一份清晰、全面的需求清单可能需要花费大量时间；然而，它应该消除或至少显著减少昂贵的重新设计和返工，这在设计过程后期可能必要的。

　　一旦设计输入获得初步批准，设计输入文件（DID）将成为受控文件。验证活动极有可能发现导致设计输入要求变更的差异。然而，任何变更都需要在最初批准后按照变更控制程序进行记录和控制。

第七章

设计输出

一旦设计输入通过评审,就要开始地将设计输入的要求转化为产品设计的迭代过程。首先是将设计输入要求转换成系统或更高层次的规范,即转化为设计输出。然后将设计输出需要进行验证,确保满足要求(即设计输入的要求)。

理解设计输出,简言之,就是将设计输出视为可交付的工作成果。它们可能包括:制造和装配程序、图纸、检验和测试方法、验证和验证方案和报告、质量保证规范、材料/组件规范、标签、服务手册等,它们都需要开发或使用以证明符合设计输入要求。通常,一个阶段的输出会视为下一个阶段的输入。

FDA 在 21 CFR 820.30(g)中对设计输出定义如下:

> **设计输出**是指在每个设计阶段和最后设计阶段所得到的设计结果。已完成的设计输出是医疗器械主文档(DMR)的基础。最终整个设计输出包括器械规格、包装、标签以及医疗器械主文档(DMR)。

正如定义所述,每个设计和开发过程都会有输出材料。这些输出材料随设计阶段和进行的活动而不同,并且这些输出通常将作为下一个设计和开发阶段的输入。例如:

- 在可行性研究阶段结束时,将设计输出(即设计可行性结果)输入你的设计输入文件(DID)。而这个设计输入文件会启动(即作为输入)接下来的设计与开发过程并形成输出(I/O 设计追溯矩阵)。

- 在执行任何类型的验证测试之前,你需要制定一个包含接受准则在内的测试方案/方法(即设计输出),用于进行测试。该测试方案将被视为用于进行测试的输入,随后的结果(即报告)将是验证/测试的输出。

- 在进行用户研究(即进入设计确认阶段)之前,你需要制作一个原型器械(输出)。该原型器械将作为用户研究/确认的输入。

- 在设计转换阶段结束时,设计输出将包括医疗器械、医疗器械包装、标签和 医疗器械主文档(DMR)。这些输出作为生产和产品实现的输入。

需要注意的是,不是每个输入都会有一个输出,但每一个输出应有一个可追溯的输入。如图7-1所示。

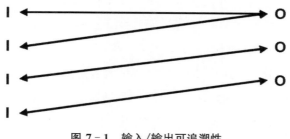

图 7 - 1　输入/输出可追溯性

设计验证和确认阶段将**确定**器械的设计输出符合设计输入要求。这将**确保**通过设计评审。

设计输出要求

设计输出的要求在 21 CFR 820.30(d) 和 ISO 13485:2016 的 7.3.4 章节中被规范。这些要求包括:形成器械设计的输出,以及采购、生产、监控、测量、交付、安装和适用时的服务,所必要的输出。设计输出还被用于验证器械是否满足规范,并确认器械是否满足市场营销、法规监管、客户和用户需求以及预期用途。

设计输出要求规定,制造商应建立并维护用来定义和记录设计输出的程序,以确保设计输出:

- 设计输出可验证是否满足设计输入要求;
- 为产品实现提供信息,如采购规范、成品规范、生产程序、检验和测试程序、维修手册或说明书、器械标签和包装等;
- 包含或制定产品验收标准,如符合(不符合)、公差(范围)、测量等;
- 识别器械的关键性能——例如,对器械安全和正确使用至关重要的特性,如器械所需的任何特殊搬运、存储和(或)维护。关键特性是指器械发生的故障,可能会影响安全性、有效性和可靠性等方面对器械造成影响的性能,如器械无菌。灭菌器械需要能够像器械包装一样能承受住灭菌的过程。关键或基本设计输出通常在风险分析过程中进行识别。

在成为最终产品规范之前,即在转换到生产阶段之前,设计输出还必须经过验证是否合适(即经过审评和批准)。这样做有利于避免把设计"甩锅"到制造中进行验证或调整的情况。然而,并非所有的设计输出都会转换到生产规范中。

如果你正在实施医疗器械单一审核项目(MDSAP),设计输出要求也需符合如下法规:

- 澳大利亚:TG(MD)R 附表 3,第 1 部分,第 1 条 1.4(5)(c)节;
- 巴西:RDC ANVISA 第 16 条 4.1.4,4.1.5 和 4.1.11 节;
- 日本:MHLW MO 169,第 2 章,第 6,32 条。

ISO 13485:2016 修订版增加了对文件记录方法的要求,以确保设计开发输出对设计开发输入的可追溯性。这不仅利于提供输出到输入需求的可追溯性,还有便于制造商确定并识别其在设计和开发策划中应关注的任务或活动。附录 D 输入/输出设计可追溯矩阵(DTM)中提供了一个有用的模板,用于记录设计的输入,其来源,以及相关的设计输出。此文档在设计输入章节中已被引用,因为设计输入文件(DID)是完成此矩阵的关键(即输入)。附录 D 的输入/输出可追溯矩阵(DTM)也用于关注与验证、确认活动和结果相关的输出。

典型设计输出

设计输出是由设计输入需求转换成的系统或更高层次的规范,即设计工作的交付成果。在设计和开发过程中,可能产生的设计输出包括:

- 物料清单;
- 工程图纸,如组件、装配、成品;
- 测试方法或方案,如用于验证和确认;
- 质量保证规范、检验和试验程序/方法;
- 产品技术规格;
- 包装和标签规范及方法;
- 装配程序、作业指导书、工单/流转卡;
- 安装和服务程序/手册;
- 组件及材料规格;
- 设备校准和预防性维护要求;
- 风险分析结果;
- 用于技术验证和(或)确认活动的原型;
- 验证和确认报告,如生物相容性结果、功能试验结果、临床研究报告等。

医疗器械主文档(DMR)

正如 FDA 对设计输出的定义所述：来自设计和开发阶段完成后的设计输出是医疗器械主文档(DMR)的基础。医疗器械主文档(DMR)相当于 ISO 13485：2016 标准中提到的医疗器械文件(MDF)。

医疗器械主文档(DMR)对于 FDA 和从事医疗器械开发的公司来说都是非常重要的文件。医疗器械主文档(DMR)由定义了完整的制造过程的一系列记录汇编组成，若适用，还包括成品医疗器械的安装和服务要求。

注意：医疗器械主文档(DMR)不是正在开发的产品的要求，而是完成开发的器械的记录。如果回到设计和开发策划章节中讨论的巧克力曲奇饼的例子，医疗器械主文档(DMR)将被视为巧克力曲奇饼的食谱，包括制作巧克力曲奇饼所需的所有材料、设备和说明。

FDA 在 21 CFR 第 820.181 部分中对医疗器械主文档(DMR)的要求作了定义，ISO 13485：2016 在 4.2.3 条中对医疗器械文件(MDF)的要求作了如下规定：

- 每个制造商应为每种型号的医疗器械或医疗器械族建立一个医疗器械主文档(DMR)或医疗器械文件(MDF)。医疗器械主文档(DMR)/医疗器械文件(MDF)应按照文件控制要求编写和批准，以证明符合适用的法规要求。

医疗器械主文档(DMR)/医疗器械文件(MDF)应包括或提及以下信息：

- 医疗器械的概述、预期用途/预期目的和标记，包括所有使用说明；
- 器械规范，包括适当的图纸和原理图、物料清单、材料成分、配方、组件规格、装配、配料清单和软件规范；
- 生产和工艺规范，包括适当的设备规范、生产方法、生产程序、清洁程序、校准程序、工艺流程图和生产环境规范；
- 质量保证程序和规范，包括验收标准和使用的质量保证设备、检验和测试程序、检验和测试表格、过程控制图；
- 包装和标签，包括包装和标签规范、包装/标签图纸、使用说明、服务手册、包装和标签评审和控制、贴标签程序、包装程序、运输程序；
- 产品的储存、搬运和分销程序；
- 安装、维护和服务程序和方法、工具、测试者，安装和服务的说明，以及安装和服务内容的表格。

换句话说，如果你想确切地告诉别人你的产品是什么的，它是由什么材料制成的，是如何正确地生产你的产品的，需要用哪些设备，什么样的质量水平是符合标准的,以及如何测试质量水平,甚至如何安装、维护和产品服务。那么,你只需要将产品的医疗器械主文档(DMR)提供他们即可。由此,这使得医疗器械主文档(DMR)成为整个公司中最机密的文件之一。它本质上包含了一切,甚至是那些使你的生产过程与传统生产过程更好的工作的商业秘密。因此,医疗器械主文档(DMR)必须进行高度保密。

请注意,医疗器械主文档(DMR)并不是一个单独的文档,它是与最终发布产品相关的所有文档的汇编。基于这一点,现实中 FDA 和 ISO 允许医疗器械主文档(DMR)对组成医疗器械主文档(DMR)的文件进行索引,而不要求将所有文件均保存在一套独立的医疗器械主文档 DMR 文档中或每个地方。

第八章

设计评审

设计评审不是一场会议

尽管不是必须面对面的会议,但定期的、正式的设计评审是必要的。理论上,设计评审可以在现场无人参与的情况下进行,通过纸质文件的传递签核,或者通过互联网手段来进行评审,但这也会失去许多通过现场参与的设计评审的好处。

在这本书的开头,我们提到了两件事情:

- 在设计控制的过程中,环环相扣。
- 产品的设计过程需要团队的努力,而团队则包含不同学科、不同专业背景的成员。

为了让团队成员各司其职,每个人都需要了解其他团队成员正在做什么,已经完成了什么。每个成员需要去倾听其他成员的工作,而不仅仅是看到或读到。设计评审的意义在于使团队成员之间进行更多的互动,这样可以避免信息在流通的过程中被遗失。信息会在"口口相传"的过程中遗失或曲解。每个人只有提前了解事情原委,才会在发生变更的时候对涉及自己的工作部分做到"有条不紊"。

FDA 和设计评审

FDA 对设计评审的定义如下:

"设计评审指对设计进行有记录的、全面的和系统的审查,以评价设计要求是否充分适当,评价设计满足这些要求的能力,并识别存在的问题(21 CFR Part 820.3[h])。"

设计评审要求

为满足 FDA 21 CFR[820.30(e)部分]和 ISO 13485：2016(7.3.5 章节)的设计评审要求没有什么改变。在设计开发的过程中,必须定期评审。设计评审要求在设计开发周期的主要决策点或里程碑上进行,以确保上一阶段设计活动的完美完成和下一阶段设计活动的开始。设计控制程序应该对设计的不同阶段进行明确划分。正常情况下,设计评审的节点应该与设计阶段/里程碑划分一致。什么时候进行设计评审,在设计开发的哪个阶段进行设计评审,这些应该在设计开发计划中进行明确。

一般情况下,设计评审的主要目的包括:

- 对设计结果进行系统性评估,包括器械设计、产品及支持系统的关联输出;
- 反馈现有及新出现的问题;
- 评估项目的进展;
- 确认项目已准备好进入下一阶段。

设计评审会议应包括该设计阶段所有相关职能部门的代表,这是为了防止有问题的设计进入生产。例如,你的研发人员从实验室的角度出发,认为设计可行,实际它可能并不适用于大规模生产。如果此时你的生产代表没有出席评审会议,那这一设计要求可能永远无法被满足。

每个设计评审还需要一个未参与项目阶段的独立客观的评审人。独立评审人以第三方的视角对设计进行评审,这样可以避免一些“当局者迷”的错误。此外,评审也需要相关的专家出席。这些专家可能未担任公司内部职务但在其专业领域具有权威性,比如灭菌,他们的参与弥足珍贵。

设计阶段的评审必须是全面的,所有评审结果应形成文件并保存。

如果你正在实施医疗器械单一审核项目(MDSAP),设计评审的要求也需符合如下法规:

- 澳大利亚：TG(MD)R 附表 3,第 1 部分,第 1 条 1.4(5)(c)(i)节;
- 巴西：RDC ANVISA 第 16 条 4.1.6 和 4.1.11 节;
- 日本：MHLW MO 169,第 6,30,33 章。

设计团队

设计开发项目的成败受到设计团队的影响。而设计团队的组成取决于设计评审的类型、产品的类型及人员的能力。因此,在决定参与者时,应充分考虑人员的资质、专业性和独立性,除了特定领域的专业知识,设计团队成员还应具备以下特质:

- 个人能力;
- 客观性;
- 灵敏度。

正式的设计评审应由具有专业知识、相关经验和个人品行适合的人员进行。每个评审成员能够独立地代表自己的专业领域和职能,并提出建设性的意见、建议和要求。

保持客观性是对评审成员品行的另一个重要要求。团队成员应该摒弃经验主义,在没有预先判断或情感投入的情况下进行客观的评估。偏见会对设计评审产生不利影响,如果任何评审成员表现出这方面的倾向,就很容易引发其他成员的类似行为,进而破坏设计评审的客观性。

团队成员的职能是在自己的专业领域提出问题和回答问题。在这个过程中应该鼓励成员去了解问题,即便是困难或尴尬的问题,也应予以支持并以建设性的方式加以处理。我们经常会惊讶地发现:当人们点头赞同某件事时,事后发现他们完全不知道对方在说什么,但又因为太尴尬而不敢要求解释。事实上,如果你不懂,很可能别人也不懂。

设计评审重点

设计评审有 2 个重点:
- 内部重点:基于制造和支持能力的设计可行性和生产性;
- 外部重点:用户需求。

每次设计评审会议都应该就现有设计开发活动进行仔细评估。它还应就现有或可预见的问题提供反馈和信息,如活动进度,至今的测试的结果等是否可以接受,是否有需要解决的冲突或意外问题。最后,设计评审会议应该确认准备就绪并批准进入下一阶段,或者确定对新任务或行动的需求。

设计评审要素

每次设计评审会议都应该涉及 3 个关键领域:
- 设计评估;

- 问题的解决方案；

- 纠正措施的落实。

设计评审会议的目的是在特定的设计阶段对设计进行评估，以确定设计输出结果是否支持或满足设计输入要求。因此，设计评审会议应涵盖对特定设计阶段的确认和验证数据进行的审核评估，以确定：① 设计输出满足器械功能和运行需求；② 设计与所有组件及附件的兼容性；③ 客户需求得到满足；④ 达到安全要求；⑤ 满足可靠性和维护需求；⑥ 在本设计阶段的制造、安装和维护要求与设计规范要求是一致的。

设计评审会议还应该用于识别和解决迄今为止在器械设计开发中遇到的所有问题。是否器械没有通过关键测试？此时应该鼓励设计团队通力合作寻求问题的解决方案，团队在会议评审部分讨论发现的问题，进而确定解决问题的适当措施。

并非所有问题都需要纠正。评审团队判定的问题可能是错误的或无关紧要的。在大多数情况下，解决方案将涉及设计变更、需求变更或两者兼有。任何因问题(如规格、标签、包装等的变更)而识别和采取的行动都需要加以控制，即记录、评审和批准。一些措施/变更也需要验证和(或)有效性验证。如果措施未取得显著成果，则需要组建一个任务项来进一步研究这个问题，并在随后的评审会议上对措施的有效性进行评审。

设计评审会议

纠正设计错误的成本随着设计阶段的推进而增加，这是一个普遍认可的事实。因此，就实操而言，通过某种频度的设计评审会议尽早地发现问题、解决问题，对成本的控制至关重要。不过，设计评审的次数取决于设计的复杂性。对于简单的设计或对现有器械的微小变更，可以采用包含所有设计阶段的单一设计评审。对于更复杂的设计，通常会进行多次设计变更，并在设计阶段结束时召开会议评审计划和文件。同样，根据设计开发项目的复杂性，可以在一个设计开发阶段进行多次评审，以便在进行后续活动或设计阶段评审之前，就特定阶段的设计文件和设计成果进行审查。例如，可能使用技术评审来评审和批准设计输入文件(DID)；用确认或验证活动来评审和发布设计输出；对风险评估进行评审和批准；对确认或验证结果进行审核等。技术评审通常需要负责文档/活动评审的团队成员出席。

设计评审的形式和数量取决于公司的合理判定。设计评审的类型、它的目标和范围，以及设计评审的性质都会随着设计的进展而变化。在初始阶段，与设计输入要求有关的问题将占主导地位。评审的主要功能可能是评估或确认设计团队选

择的解决方案。然后,诸如材料的选择和制造方法的问题变得更加重要。在最后
阶段,与确认、验证和生产有关的问题将占据主导地位。

正如在第三章所讨论的,设计和开发过程通常被描述为由图 8-1 所示的一个
或多个阶段的逻辑序列组成。

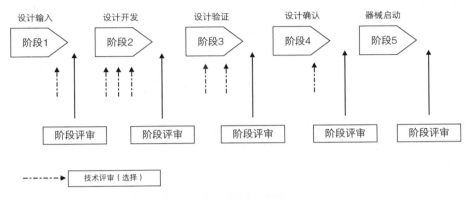

图 8-1 设计和开发流程

因此,设计评审会议通常在每个设计阶段结束时进行,以确定设计是否为下一
个设计阶段做好了准备。设计阶段的成功取决于所有项目团队成员的交付和认
可,以及特定阶段独立的评审。让我们看看每个设计阶段评审的目的和议程是
什么。

阶段 1——设计输入评审

如果公司认为这款满足市场和性能要求的器械是可实现的,则启动设计输入
阶段(即项目被批准)。本阶段旨在正式定义并记录项目的设计输入,将输入转化
为可验证的指标,并建立器械开发的项目计划。设计输入阶段的完成也意味着设
计控制活动的正式开始,一旦设计输入得到正式批准后,对器械规格的变更需要进
行控制。

设计输入阶段评审会议的目的是正式定义和确认器械的基本要求(设计输入
和任何已知的预期输出)。它还适用于启动设计开发阶段。首次设计评审会议还
将正式确定设计项目团队(参考附录 E 项目审批表)。项目团队的所有成员必须出
席首次设计评审会议。另外,会议需要有一位与本次设计评审阶段无直接责任的
人员参与。还可能需要在关键领域能提供特定专业意见的专家出席。设计输入文
档(DID)和设计输入/输出追溯矩阵(DTM)是初期设计输入评审会议的核心要素。

设计输入评审会议的典型议程应该包括以下项目:

1. 设计输入文档(DID);

2. 预期输出和任何已知结果(DTM);

3. 项目计划-活动、资源分配和完成时间表;

4. 风险管理计划和设计风险分析(如 DFMEA);

5. 模糊和冲突点;

6. 其他相关信息。

阶段2——设计和开发评审

设计开发阶段应制定满足设计输入要求(即产品要求)进行器械设计和实施其过程(即输出)。在此阶段,可以探索各种设计选项(如材料、配置等),进行研发原型制作和测试[如实验室检测、临床前测试[①]、样本模拟使用测试和用户/医生评估]及流程确定。这一阶段活动的终点是器械正式设计的冻结(即设计批准和验证准备就绪)和转换输出以便为验证/确认进行首次试生产。

随着项目在设计开发阶段的推进,可召集若干次的设计评审会议,以回顾项目状态、更新进度表、评审和批准设计成果等。当项目团队反馈设计能够满足产品技术要求时,应组织设计开发阶段评审会议。

设计和开发阶段评审会议的目的是在批准和启动设计验证活动之前,确定设计技术参数是否足够。其后设计技术要求会被冻结,任何对设计技术要求的变更都需要加以控制。

设计开发阶段评审会议的典型议程可能包括以下内容:

1. 审查和确认设计规范(即输出)的充分性;

2. 评审确认测试/检测方法验证;

3. 识别潜在风险(新的或未预料到的),并根据需要修改设计风险分析;

4. 评审工艺验证计划和过程失效模式及后果分析(PFMEA);

5. 审核确认和验证计划及确认指南;

6. 审核和更新设计输入/输出追溯矩阵(DTM);

7. 回顾和处理模糊和冲突点;

8. 审核和更新项目计划。

阶段3——设计验证评审

设计验证阶段包括查验"冻结"的设计确实满足设计输入要求。用于设计验证的样品要使用按器械已完成的设计(如制造原型、试产、首次产品生产),推荐制造

---

① 译者注:临床前测试(动物试验)。

过程工艺和用校准过的测试设备和验证过的测试方法来生产。

设计验证可以通过检查、测试、分析来完成，包括：生物相容性测试、包装完整性测试、运用替代演算、将新设计与相似成熟设计进行比较（如可行）、在设计评审中对设计数据和结果进行回顾评审、测算和演示、故障原因追溯分析、失效模式和影响分析、生物负载测试等。

设计验证活动完成后，应召开设计验证评审会议，以确定设计转换准备就绪。设计验证阶段评审的典型议程包括以下内容：

1. 评审验证结果以确定验证满足接收标准；

2. 评审验证结果以确定最终设计符合产品规范，规划的设计与组件及附件可兼容（如适用）；

3. 识别任何新的潜在或意料之外的风险，并根据需求修改风险管理计划和风险分析以降低风险；

4. 评审和解决模糊和冲突点；

5. 识别任何在设计确认之前需要继续进行的验证测试；

6. 评审工艺确认方案；

7. 评审包括临床试验和（或）可用性测试在内的设计确认方案；

8. 评审注册递交资料；

9. 评审并更新（设计）输入/输出 DTM；

10. 评审和更新项目计划；

11. 评审为确认活动所需的 DMR 要素转换到制造而进行的工程变更。

阶段 4——设计确认评审

设计确认阶段旨在证明产品的可制造性，确认制造过程，并确认最终器械设计是否符合设定的用户需求（即商业发布准备就绪）。设计确认需要在规定的操作条件下使用初始生产批次或其等效样品进行，并可能包括：稳定性研究、工艺/产品确认、临床评估、临床研究、文献研究评审、运输测试、标签审查、可用性研究，等等。

设计确认活动完成后，应召开设计确认评审会议。设计确认阶段评审的典型议程可包括以下内容：

1. 评审生产过程确认结果以确认生产过程的有效性和可重复性；

2. 确认所有分析、计算和测试均已成功执行，并且最终产品可制造、检验、组装且具有足够的公差。储存、交付和安装可靠且具有成本效益。产品可按照预期正常运行；

3. 评审确认结果以确认最终设计满足用户需求和预期用途；

4. 识别新的或意料之外的风险,并根据需求修改风险分析以降低风险;

5. 查看并更新(设计)输入/输出 DTM;

6. 评审核实之前所有设计阶段的所有行动项均已关闭,所有相关设计控制可交付成果已完成;

7. 在产品发布之前识别后续确认活动需求已完成;

8. 评审更新项目计划。

阶段 5——设计发布和销售批准(即产品发布)

最终设计阶段旨在确认最终器械设计已准确转换到生产,所有注册申请已获准,器械已获准销售,用于分销的器械已清洁,所有最终研究和测试均已完成且结果可接受,已注册器械唯一标识(UDI),分销协议已到位,销售人员经过培训并准备上市,所有项目团队成员和高管层认同该器械已完成商业发布准备工作。

在完成所有验证和确认活动后,应召开最终设计阶段评审会议。设计发布和销售批准阶段评审会议是对整体设计输出满足整体设计输入及设计控制交付已完成的最终确认。最终设计阶段评审的典型议程包括以下内容:

1. 文件的最终评审,以确保所有项目团队成员及高管层就验证和确认结果的相关性和适用性达成一致;

2. 验证器械的制造、安全、安装、操作、维护、分销安装和服务的所有文件已准备好进行生产转换;

3. 评审所有必要的文件和数据,以确保相应系统适当,产品已获准分销并在所需市场注册;

4. 查看并更新(设计)输入/输出 DTM;

5. 评审并更新项目计划;

6. 完成并批准设计转换检查表;

7. 完成并签发销售批准书;

8. 完成并批准工程变更单以用于商业销售/分销的设计发布。

阶段 6——上市后设计评审会

要点是必须理解设计控制不会随着设计转换至生产而结束。设计控制适用于器械设计及制造过程的所有变更,包括在器械商业化之后很久之后的变更。这包括改进型变更(如性能增强),以及改革性的变化(如因召回、不良事件等失败产品分析而采取的纠正预防措施)。这些变更是使设计满足用户和(或)患者需求的持续努力的一部分。因此,在器械的生命周期中,设计控制过程会被多次重新评审。

这些评审被称为"上市后"的设计评审。

上市后,设计阶段评审的目标是:

1. 确定产品或过程的性能是否满足客户期待,即是否满足客户需求;

2. 识别可能的修正和改进,并进行成本与收益评估;

3. 为今后类似器械的设计开发提出建议。

设计评审记录

每次设计评审会议通常包括对设计输入、预期或已知的输出及已知结果(即验证和确认结果)的评审。每次设计评审会议应包括项目计划、风险分析和输入/输出 DTM 等重要文件的评审。输入/输出追溯性矩阵(DTM)的评审确保输出对输入要求进行完整的评估和验证。任何需要的变更、关注都应记录在案并根据需求安排行动。附录 F 提供了一个用于设计评审会议内容的记录模板。

会议互动

一次成功的设计评审取决于数据的准确,就像组织成功的会议要拥有准确的数据一样,因此评论一些可以确保会议成功的细节很有必要。本节中评论和理念对设计评审团队所有成员,包括经理,应该都是有用的。事实上,他们是有用的、试过的、证明过的概念,适用于任何商业沟通环境。

沟通技巧

设计评审基于信息流通。人们需要清晰、简洁和完整的信息来计划、组织和执行他们的职责。无论你是主持会议、评审结果还是做问题陈述,你的成败都取决于你的沟通能力。文字是人们用来传达目标、目的和绩效标准的工具。不幸的是,许多词是模棱两可的,经常可以不同的方式解读。"工资不错"的定义可能取决于你是支付工资的人还是得到工资的人。口语中最常用的 500 个词估计有 10 000 种不同的含义。当工程师说"我会尽快完成这项任务",这意味着任务完成时间会在 2 分钟、2 小时、2 天或者 2 个月内? 我们需要定义用词以确保接收方和发送方在同一频道上理解相同。

确保产品具有"卓越品质"是一个伟大的目标,但它可能无法明确传达所需的期望或结果。例如,高管层可能对什么是"卓越品质"有自己的看法,但他们对"卓越品质"的定义是否与客户的认知一致? 每个团队成员开完会后都可能按他或她自己理解去达成"卓越品质",但他们的定义是否相同,你将如何衡量"卓越定义"?
发送和接收信息时,要确保意思清楚。试着这样说:"我对卓越品质的定义是……"
或"对此而言,卓越品质意味着……"

产品开发的词汇包含许多抽象的想法和概念,如"卓越品质",不要仅仅定义术
语还要举例说明以帮助解释抽象的想法。示例和插图可以提供明确的参考来讲清
楚重点。

首字母缩写和行业术语也会对有效沟通造成潜在障碍。这种现象在技术领域
难以避免,但因为设计团队由来自不同学科的人员组成,因此,请确保对其进行解
释和明确。"团队正在编写设计输入文件的修订版。我们从 ASQC 和 ANSI 获得的
新消息,建议我们为 CDRH 准备 PMA。"有些人可能不知道所有首字母缩写的含义。
解释或定义首字母缩写的含义,这个额外的步骤可以帮助理解从而避免混淆。

他们明白了吗

记住沟通的最大问题是"信息已经收到"的错觉。很多时候,定义一个词或概
念就是需要成功传达一个理念或感觉的关键。在其他时候,为确保信息被正确解
读,需求确认他人听到你所说的内容。消息的内容和传递显然很重要,但真正重要
的是接收者听到或解读的内容。

由信息的发送方要求接收方解释对信息的解读是确认信息是一项简单的技
巧。如果接收者的解读是正确的,那么就完成了成功的沟通;如果解读不准确,那
么发出人需要澄清和纠正误解;如果人们知道他们可能会被要求提供对信息的理
解,他们就更有可能集中注意力并仔细倾听。

核查接收者是否理解,可以避免很多麻烦。如果对方理解不正确,则该信息需
要重新表述。当然,有些误解的发生仅仅是因为听者没有注意。

设计团队位于设计开发项目的沟通中心,特别容易受到沟通不良的影响。始
终如一的清晰表达准确的信息是非常困难的。永远不要小看这个问题,即使是措
辞最谨慎的信息也可能被误解。定期的**信息验证**[①]可以消除混淆和误解,进而防
止因沟通不良导致的大小错误。

倾听和验证

设计团队成员通常是许多信息的接收端。据估算,团队成员 40% 的时间用于
聆听。能够倾听并准确理解接收到的每条消息,说起来容易做起来难。聆听并不

---

① 译者注:原文为"message verification",结合语境,应为"message validation 即,信息确认"。

容易，它需要专注、集中和主动理解信息中的关键点。成功人士意识到有效的倾听与表达同样重要。

你如何成为一个有效的倾听者？一方面，首先与发言者进行眼神交流有助于集中注意力。面朝发言者更利于倾听者观察对方肢体语言和传递其他方面信息。文字告诉我们信息的思想内容，语气和肢体语言告诉我们发言者的情绪和能级。积极观察信息如何传递对于信息的整体理解至关重要。

有效的倾听是一个主动的过程而不是一个被动的过程。倾听时必须全神贯注。在倾听时，不允许其他任何想法进入你的脑海。然而，经常有其他想法扰乱我们的注意力。有些人太专注于自己内心而忽略其他人的诉求。甚至有些人在理解发言者的观点之前就开始思考如何回复。

最优秀的管理者不仅要集中精力倾听信息，还要通过将自己的理解反馈给发言者来确认他们对信息的理解。消息的重要性和复杂性等因素决定了确认的频率。在设计评审场合中这应该是经常发生。信息确认分为 3 个级别：

- 级别Ⅰ 通过反馈发言者相同的词来进行确认；
- 级别Ⅱ 通过反馈信息的类似表述来进行确认；
- 级别Ⅲ通过反馈你对词句和肢体语言的理解来进行确认。

团队成员需要倾听，不仅倾听信息的内容，还要关注语气和肢体语言，有时还需要反馈你认为发言者的未尽之意。随着共同理解的建立，信息的发送者通常乐意分享更多的想法和感受。

接受坏消息

坏消息很可能是设计团队收到的最有用的消息。对坏消息的一种常见反应是责备消息传递者；责备客户是对坏消息的另一种常见反应，"产品发生故障是因为他们没有按照我们的指示去做。"

第三种反应是否认、否认、再否认。设计团队指责揭示质量问题的数据是不精确、不完整的数据。对客户的负面反馈进行辩解。那么，所有这些反应都会适得其反。坏消息可能是有用的。这是告诉设计团队产品出现了问题，是需要进行更改方式。失望的客户会发送两种类型的消息。一种是与事实有关，另一种与感觉有关。如果团队做出自保反应，拒绝倾听，那就没有机会改善局面；另一方面，如果他们以开放的心态倾听并承认问题，那就朝着改善迈出了一步。

监视和测量

各种测量告诉你已经取得了多少进展以及还有哪些工作要做。设计团队衡量、监控和控制在研发产品的能力与识别他们潜在问题和在需要时采取纠正预防措施的能力直接相关。基于数据的决策比基于猜测的决策要好得多。客观数据能消除对问题情绪化和印象化的想法。

一个高效的设计团队在做出决定之前会获取设计数据。在这种情况下,基于良好数据的决策比基于情绪的决策要好得多。

团队需要确定成员做了什么,在哪里,如何做。将事实与感觉、假设和意见区分,应根据从他人那里收到的反馈和个人观察来验证这些信息的准确性。目的不是责备而是确定事实。基于所有事实,几乎任何人都可以做出正确决定。

不要将提案与进展混为一谈

设计评审旨在取得成果。结果是设计团队绩效的衡量底线。虽然一切的活动、尝试和付出是值得关注的因素,但正确的输出才是真正需要的。取得了什么成果?实施了什么?团队的一些成员可以通过工作活动气氛来推算生产率表现。气氛很紧张,人们说话很快,电话响得很频繁,其他员工提供很多意见和提案。是否促进了设计?

设计开发的繁忙常常让人感觉有很多工作正在完成,活跃状况和工作努力有时会误导团队认为目标正在实现。通过关注结果,团队可以确保只有活动还不够。

很久之前,我们就知道,亲自去、看和听是唯一可靠的反馈。一个下达命令的好管理者,会出去亲自查看该命令是否已执行以及执行情况如何。看到和听到的情况不仅可以为设计团队提供直接、不带过滤的反馈,还可以向参与项目的每个人传达对他们的利弊、他们的想法和他们在执行的工作的反馈。

会议纪要

许多设计会议结束时仍不能明确谁必须做什么以及何时做。在设计评审会议期间,当识别了新的和不同的行动项目时,可以将它们写在挂图或白板上。还应列出每一项的完成日期和负责人。在会议结束时,团队负责人可以快速查看列表中的所有项目。然后团队成员在会议后可以清楚了解谁负责哪些行动项,完成日期是什么时候。

做出解决问题的决定

在回到讨论更多与信息相关的设计控制前,我们需要讨论的最后一件事情是决策。高效的设计团队会做出从简单到复杂的决策,因此了解流程的运作方式非常重要。

阐明和解决问题的能力会带来进展和提升,表面应付只会浪费时间、精力和金钱。

该过程包括以下步骤:

- 阐明问题;
- 收集和分析数据;
- 生成备选方案(即头脑风暴);
- 评估备选方案;
- 选择方案;
- 实施方案;
- 评估结果。

在设计评审会议上,必须时刻明确项目到了哪个阶段,以便在需要时进行调整。许多问题需要多次会议才能解决,并且不同的团队成员经常位于不同点流程。当每个人在流程的不同点遇到问题时,项目进展缓慢。一个卓有成效的项目领导通过确定成员在设计流程的具体位置将团队凝聚在一起。这样做可以通过让团队专注于一项任务来提高生产率。

团队领导通常会准备好他们要说的内容,但他们不会预先确定提出的问题。领导力的一个重要方面是能够在正确的时间提出正确的问题并坚持找出有意义的答案。

对合适问题的回答为团队负责人提供了做决策所需要的信息。这些问题往往涉及敏感或不愉快的话题。问题应该简单、直接且重点突出。应该对问题进行特定表达以引出具体的、明确的响应。如何提问(如遣词造句、语气、肢体语言)至关重要。它必须以不会引起戒备和敌意的方式完成。问题应该直截了当,从中立的角度出发。这意味着不要咄咄逼人或带有强烈的情绪,但也不能表现软弱或立场被动。

跟踪问题以获得明确答案是不可或缺的,如果一个人反应迟钝或说话含糊不清,请坚持继续询问和探索。更换表述方式直击议题核心。

提防那些在理解问题之前就知道解决方案的人。有些人倾向于在不了解真正问题的情况下设计系统、表单和程序。

设计团队面临着各种不同的问题,从机器损坏到延迟交付,到客户不满意,再到目标性能或人员之间的冲突。有些问题的被界定为仅有一种明确的解决方法,"问题是工程师工作不够努力"。另外一些实际上是更重要问题的症状。还有一些问题可以用如此宏大或全局的方式来定义,以至于难以采取行动。

此外,设计团队经常遇到导致徒劳无功的问题。毕竟如果提出的问题有价值,那它早就解决了。

　　是吗?

　　解决问题最难的部分是弄清楚问题的本质。如上所述,有时提出的问题本来就不是问题。评估数据的准确性。掌握事实,而不需要表象和印象。打破笼统,将复杂的问题分解成更小、更简单的问题。

　　问题表述应避免原因和解决方案,问题应该描述当前存在的事实而不是所期望的愿景。描述越具体越量化越好,如将问题描述为"如何将废品率从5％降低到3％?"在问题陈述中提供具体的可衡量的标准。

　　一旦问题被定义,剩下的步骤包括:

- 收集和分析数据;
- 生成选项或解决方案;
- 评估这些选项或解决方案;
- 做出决定;
- 实施该决定;
- 评估和衡量结果以确保问题已经被解决。

第九章

设计验证

设计验证的目的是什么

设计验证的目的是提供客观证据(即文件化的证据)以证明你的设计要求已经满足,如果设计要求没有被满足,则需要表明设计离达到要求还差多远。设计验证确保在进入设计确认之前是经过验证的设计。

什么是设计验证

设计验证是在每个阶段检查输出是否符合该阶段要求的过程。例如:设计输入是否已被转换为一种可以被充分的验证的形式?器械的实际尺寸是否与工程图纸相符?产品包装是否保护器械免受任何存储和搬运的不利影响?器械是否耐受所选择的灭菌方法,如产品有无降解现象?所选择的灭菌方法是否能确保器械无菌?等等。

设计验证的定义

在我们讨论设计验证的实际要求之前,让我们来看看一些基本定义。

"验证"是指通过审核和提供客观证据,认定特定要求(即规范)已得到满足(21 CFR 820.3[aa])。

"规范"是指产品、过程、服务或其他活动必须符合的任何要求(21 CFR 820.3[y])。

"设计验证"包括为认定设计输出是否满足器械的功能和运行要求所必需的活动;该器械既安全又可靠;满足标签和其他法规要求。换句话说,是否正确地根据规范生产出了产品(即符合规格),以及能否证明这一点?

设计验证要求

设计验证属于 FDA 质量体系法规(QSR)第 820.30(f)部分和 ISO 13485：2016 第 7.3.6 节的要求。

设计验证活动应在医疗器械设计和开发的所有阶段和层级上进行,并应在设计和开发计划中进行识别。

制造商应基于其器械所采用的技术,按照普遍接受的实践来选择和应用适当的验证技术。例如,参照实质等同的器械或类似器械进行测试。设计验证一直要求按照规范进行。

设计验证要求包括以下内容:

- 验证活动需要按照规定的程序进行。验证计划/方案应确定设计项目;识别要测试的产品(如制造原型、首次生产产品);要实施的验证方法和相关程序;明确定义(或参考)接受标准;并且,在适当的情况下,确定采用的统计方法及合理的样本量。在设计和开发过程的这个阶段,你正在验证器械设计的可接受性。因此,在进行验证活动之前,你需要知道达到怎样的标准是被认为可接受的。在此过程中可能会对规范进行一些微调,但这时还不能完全确定什么是可接受。这一点是已经确定的。有些验证方法是高度标准化的。比如,灭菌器械应符合 ISO 11135、ISO 11137,生物相容性应符合 ISO 10993,医用电气设备安全应符合 IEC 60601 等。然而,在其他情况下,制造商可以从各种适用的方法中选择。

- 所有验证活动和任何后续行动的结果必须被记录,包括设计、方法、日期、实施验证的人员、验证结果和结论。这些记录组成了设计历史文档(DHF)的一部分。这将包括对方案和结果的评审和批准。

- 如果预期使用的医疗器械要求与其他医疗器械连接,或与其他医疗器械有接口,当进行这种连接时,设计验证应确保设计输出满足设计输入的要求。这包括验证由软件组成的或包含软件的医疗器械是否足够安全,避免有意或无意的未经授权的访问(即网络安全)。

如果你正在实施医疗器械单一审核项目(MDSAP),设计验证要求也应符合以下法规:

- 澳大利亚：TG(MD)R 附表 3 第 1 部第 1 条,第 1.4(5)(c)条及表 1
- 加拿大：CMDR 9,10 - 20
- 巴西：RDC ANVISA No.16 ,第 4.1.4 节
- 日本：MHLW MO 169,第二章,第 34 条

设计验证过程

设计验证过程的一个示例,如图 9-1 所示。

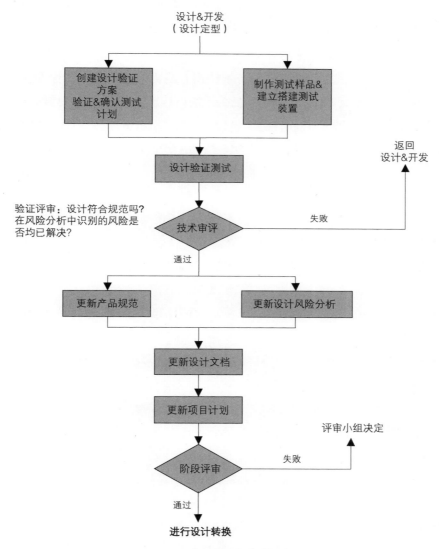

图 9-1 设计验证过程流程图

设计验证活动

任何与设计输入要求建立一致性的方法都是验证设计是否满足要求的可接受

方法。因此,不用纠结使用哪种设计验证方法。相反,你应该选择对正在评估的特定设计输出/设计输入关系最有意义的方法。有些验证活动可能会非常直接和简单——例如,根据工程图纸验证器械尺寸。然而,有些验证活动会比较复杂,如验证可重复使用器械的洁净度和无菌性。

用于进行设计验证活动的测试方法应进行评估,以确保它们在其通常的使用条件下提供足够准确、精确和可重复的结果。用于鉴别、纯度或含量测定的分析方法,以及用于器械清洁和无菌的方法,都应进行确认。应考虑对物理、电气、机械和性能的测量方法进行适当的确认(不包括使用有能力的或经校准的标准仪器进行直接测量),特别是如果该方法用于评估关键的设计输出时——即,测试方法确认。

设计验证应使用具有代表性的器械设计产品(如制造原型、试生产样品、首次生产样品)进行,并使用拟采用的具有代表性的工艺进行制造,必要时,使用经校准的测试设备和经确认的测试方法。在可行的情况下,验证活动也应考虑最坏条件下的操作。

设计验证活动的一些示例,包括但不限于以下内容:

- 设计评审,以确认输入=输出;
- 器械的功能和操作要求的检验/测试,包括机械、电气和功能试验,如疲劳、磨损、拉伸强度、抗压强度、流量、破裂压力、静载荷、刚度等;
- 检查标签,确保符合标签和法规要求(符号、语言、声明等),并进行测试,确保易读性;
- 材料和成品器械的生物相容性测试,如刺激性、致敏性、细胞毒性;
- 电磁兼容性;
- 风险分析,识别医疗器械设计中可能存在的危险;
- 对装配件进行最坏情况分析,以验证组件在搬运和使用过程中能够承受可预见的应力;
- 对组件进行热分析,确保内部或表面温度不超限;
- 过程或设计中的故障树分析(FTA)/故障分析;
- 组件、部件、报警器等的安全和可靠性测试;
- 在设计评审部分中讨论追溯矩阵(DTM)的评审;
- 穿孔、防护、无菌屏障等包装完整性测试;
- 灭菌产品的生物负载检测;
- 清洗测试;
- 软件测试;
- 无菌测试;

- 将现有器械与已有成功使用史的产品进行比较，如 FDA 510k。
- 对工程图纸的测量/尺寸进行检验；
- 通过演示以评估器械的使用/功能；
- 使用分析方法或数学模型的替代计算；
- 器械与配套部件/连接件等的兼容性测试；
- 器械在预期使用环境中的兼容性测试；
- 过程确认以确保生产产品能够达到器械设计的质量水平；
- 审评和批准文件以确保准确性，例如，设计输出文件、物料清单、装配工艺、软件代码、标签等。

在追溯矩阵（DTM）中包括验证活动将有助于展示设计输入如何转化为设计输出，并验证满足设计输入要求。每个验证活动都应引用测试方法或研究方案，并生成最终报告[见附录 D 输入/输出设计追溯矩阵（DTM）模板]。

一点建议

在设计和开发过程的早期（如定义设计输入时）你就应该开始考虑设计验证。这样对项目管理和项目进度安排很重要。在设计过程中尽早开始考虑设计验证将有助于你起草更好的设计输入，并帮助你弄清楚关于器械已知或须知的方面。这也将有助于建立验证计划，以确定所需要的验证活动，你所需计划使用的方法，确定进行设计验证活动的人员，需要多少的原型/器械，接受标准是什么，等等。

设计验证是所有注册申报的一个重要的要素。监管机构将寻找客观证据（即证明），以判定你的医疗器械符合安全性和有效性的基本要求。

第十章

风险管理

为什么需要风险管理

风险管理一直是监管当局和公告机构的热门话题。随着不良事件报告和召回数量的增加，管理和控制与医疗器械使用相关的风险变得比以往任何时候都更加重要。因此，在设计和开发过程中，你越早开始检查器械风险，对每个人都越有利，尤其是对产品利润。我们都知道，越早识别潜在和（或）真正的问题并加以解决它，成本就越低，当然对公司声誉的损害也就越小。匆匆忙忙将器械推向市场，却在不久之后又不得不召回，这绝对不是好事。

风险管理如何融入设计和开发

风险对产品如此重要，但令人惊讶的是，管理层对风险管理的要求并不严格，这是事实。你只需要再仔细看一下。FDA 的质量体系法规在第 820.30（g）章节——设计确认中提出了风险分析的要求。它只有一句话，"设计确认应包括风险分析"。然而，如果你查看 FDA 质量体系检查指南（QSIT）手册中的设计控制部分，你就会注意到，作为 FDA 设计控制检查的一部分，检查员将核实是否已执行风险分析。

ISO 13485：2016 标准中对风险管理的要求范围更广一些。例如：

- 第 1.2[①] 要求组织应采用基于风险的方法控制质量管理体系所需的适当的过程。
- 第 7.3.3（c）要求在设计和开发输入的过程中查看风险管理的输出；
- 第 7.3.9 要求评估设计变更对风险管理的影响；
- 第 7.1 要求组织在产品实现过程中，将风险管理的一个或多个过程形成文件。

---

① 译者注：经核实标准此处应为 4.1.2。

因此,很明显,风险管理活动需要在设计和开发过程的一开始就启动,就是当你在设计和开发的设计输入时,此后需要在器械的整个生命周期中不断地评估风险(见图 10-1)。因此,制造商应建立,实施,记录和保持风险管理系统。

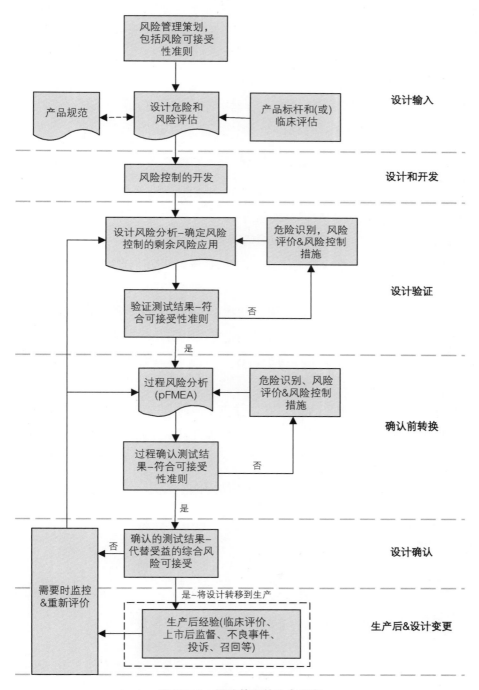

图 10-1　风险管理的生命周期

澳大利亚(TG[MD]R 附表 3,第 1 部分,第 1.4[5])、加拿大(SOR 98 - 282 第 10、11)、巴西(ANVISA RDC 16 第 2.4 和 RDC 56)、日本(基本原则)和欧洲(MDR 第 10 条,附件 I[1 - 8],II[5])都要求存在技术文件以表明符合基本安全和性能原则。这包括建立风险管理系统和(或)进行风险分析的要求。ISO 14971 标准是公认的一种可接受的风险管理方法。

什么是风险管理

在回答这个问题之前,让我们先了解一下"风险"这个词的含义。

风险＝发生概率＋严重度

换句话说,风险是伤害发生的概率(即发生的频次或可能性)和伤害发生的后果(可能有多严重,如结果或结局)的组合。

根据上述的定义,我们现在可以看看其他一些关键术语:

- "风险分析"是收集和检查信息/数据的过程,以识别与器械使用和误使用相关的真实和潜在的危险,然后估计与这些危险相关的风险;
- "风险估计"是对伤害发生的可能性和伤害的严重程度赋值的过程;
- "风险评价"是在风险分析的基础上确定风险是否可以接受的过程;
- "风险控制"是通过决策和防护措施的实施,将风险降低到或将风险维持在特定水平的过程;
- "风险管理"包括风险分析以及评价单个风险和综合风险可接受性的过程,控制任何不可接受的风险或证明其合理性,然后通过上市后的经验进行管理风险。

风险管理＝风险分析＋风险评价＋风险控制

风险管理过程

风险管理过程可以分解为以下一系列的步骤:

1. 确定风险水平(如低、中、高),并确定什么是可接受的;

2. 识别并列出那些可能影响器械安全的特性;

3. 识别任何可能由器械的预期用途以及可预见的器械误使用导致的相关危险;

4. 确定危险的来源/原因；

5. 为每个已识别的危险指定一个风险水平（如低、中、高），包括其发生概率和严重度；

6. 确定每个风险的可接受性；

7. 在考虑普遍公认的最新技术水平的情况下，尽可能消除或降低风险（包括重新设计、过程确认或降低过程中的变异性、防护措施或警报、标签、用户教育等）；

8. 评估所采用的控制措施和解决方案（降低风险的措施），并确定该解决方案是否造成了新的问题或风险，若有，则重复上述步骤；

9. 评估综合风险的可接受性，即受益/风险分析；

10. 记录这个过程，并继续监控原来的假设是否正确（如概率和严重度）以及在器械的整个生命周期中风险是否仍然可以接受。

让我们更详细地看一下以上步骤。在医疗器械的开发过程中，有两种可能的结果。一是使用的器械相关的风险是可接受的；二是不可接受的。那么，我们如何确保设计的器械受益大于风险呢？

风险分析

首先，设计团队需要识别并列出在正常和（或）故障条件下可能构成真实或潜在危险（即影响器械安全）的所有器械特性。这可能需要团队提出一系列有关制造、灭菌、预期用途/应用、预期用户、可合理预见的误使用、器械附件/连接器、环境影响、器械包装、运输和贮存以及最终器械处置的问题。这些问题应从与器械相关的所有涉及人员的角度来考虑，如装配人员、用户、服务提供者、患者等。ISO 14971 标准的附录 C 提供了潜在问题清单[①]。

然后，需要识别与器械特性相关的使用正确或不正确的危险，并确定与每个危险相关的风险程度。在风险分析中一般考虑的危险包括：机械危险、操作危险、化学危险、生物学危险、电力/能源危险、环境危险、储存和运输危险以及信息危险。然而，这些危险通常不是由器械使用引起的，而是来自器械或组件的故障。经常被忽视的问题和风险是那些次要的风险或与使用错误（即人为错误）相关的风险。在模拟和使用器械之前，使用错误往往不会被发现。作为医疗器械制造商，我们不可能总是对器械的每一次疏忽或意外使用负责，但我们必须尝试。尽管这些错误使用不一定会导致器械不安全或无效，但它们往往是一个好器械和杰出器械之间的

---

① 译者注：ISO 14971：2019 标准的指南 ISO/TR 24971：2020 的附录 A 提供了潜在问题清单。

区别。

在进行风险分析时,团队成员应心系客户/用户。风险管理的目的就是要回答下述问题:

- 新器械的设计可能符合设计规范,但当患者使用它时会发生什么?
- 该器械可能有助于管理或治疗它要解决的任何问题,但它不应该是尽可能的舒适吗?
- 该器械还应该在一定的时间内或使用频率上是可靠的,设计是否考虑了这一点?
- 医生、护士或家庭健康环境中的护理人员的需求如何?
- 该器械是否会变得失效,并可能给他们中的任何一个人造成危险?
- 如果器械完全按照你的预期意图和指示来使用,会发生什么?
- 该器械应该可以完美地运行,大多数设计团队都会考虑到这一点。如果有人以一种非常规的方式使用该器械,会发生什么?
- 如果器械在团队没有考虑到的环境中使用,会发生什么?
- 如果你把所有这些东西——用户、环境和器械——放在一起,并且它们以没有想到的方式相互作用,会发生什么?

人因工程与风险管理过程

FDA 强烈地推动医疗器械设计和开发过程中实施人因工程(HFE)或可用性工程(UE)流程。在设计和开发过程中考虑 HFE/UE 的要求隐含在 FDA 质量体系法规第 820.30(c)、(f)和(g)段中。更具体地说,作为设计控制过程的一部分,要求制造商进行风险分析,包括识别与器械使用相关的风险,并实施控制措施以降低这些风险。

人为错误通常是大多数事故的原因。在医疗器械环境中,错误可能不幸地导致人员严重伤害,甚至死亡。事实上,人为错误估计会导致或促成高达 90% 的一般事故和医疗器械事故[1][2]。

医疗器械的功能越来越多样化,使用环境越来越复杂,出现了专业培训的新要求和新形式。因此,用户出错的可能性也在增加。此外,随着医疗技术的发展,患者护理被转移到家庭或公共环境中,技能较低或不熟练的用户,包括患者和护理人员,必须能够安全地使用相对复杂的医疗器械。因此,设计团队设计的医疗器械应

---

[1] Bogner MS,"医疗器械与人为错误",《自动化系统中的人类行为:当前研究与趋势》,Mouloua M., and Parasuraman R. (eds),Hillsdale, NJ, Lawrence Erlbaum,第 64—67 页,1994 年。

[2] Nobel JL,"医疗器械故障与不良反应,"《儿科急诊护理》,7:第 120—123 页,1991 年。

尽可能消除或减少"使用错误"。但什么是"使用错误"呢？FDA 的指南文件《将人因工程和可用性工程应用于医疗器械》将使用错误定义为：不同于制造商预期结果的用户动作或用户动作缺失，并导致：① 与用户预期的结果不同；② 并非仅由器械故障引起；③ 造成或可能造成伤害。

HFE/UE 是对人们如何使用技术的研究，目的是为了提高器械安全性。因此，HFE/UE 应考虑以下与使用有关的危险影响因素：

- 用户（典型使用和误使用）
- 使用环境
- **器械用户界面（操作特性）**

只有当制造商在设计器械时考虑到操作环境、用户能力和器械设计之间的相互关系时，医疗器械才能被安全有效地使用。实际上，要消除所有的"使用错误"是不可能的。然而，如果你在设计器械时考虑到了用户，那么你的器械就更有可能适应各种用户在不同环境（通常是高压环境）下的工作；更不容易发生"使用错误"；并且只需要更少的培训。可用性测试是一种用于评价器械可用性的方法。

与使用有关的危险有以下一个或多个原因而发生[①]：

- 器械的使用需要超出用户能力的身体、感官/知觉或认知能力；
- 使用环境影响了器械的操作，而此影响用户的认识或理解；
- 特定的使用环境损害了用户的身体、感知或认知能力；
- 器械的使用与用户的期望或对器械操作的直觉不一致；
- 器械的使用方式本可以预期，但实际却没有做到；
- 器械的使用方式已经预料到了，但不合适，而且本可以消除或降低风险，但实际没有做到。

控制错误的最好方法是在错误发生之前阻止它们，即把器械设计成相对完善。这需要预测和识别与器械的正常使用和错误使用相关的潜在风险，然后在设计和开发过程中管理这些风险。FDA 的指南文件《将人因工程和可用性工程应用于医疗器械》提供了一个流程图，描述了处理与使用有关的危险的风险管理过程。执行一个成功的 HFE/UE 分析的基本步骤，包括：

1. 识别预期的和非预期的与使用有关的危险；
2. 确定危险使用场景的发生方式；
3. 制定和应用控制与使用有关的危险的策略；
4. 展示安全有效的器械使用（如模拟使用/人因工程确认测试）。

---

① 《将人因工程和可用性工程应用于医疗器械》，FDA 指南，2016 年 2 月 3 日。

识别使用有关错误的一个有效方法是研究与类似器械相关的错误类型。这些信息可以在多个地方获得，如 FDA 的 MAUDE 数据库、FDA 的医疗器械召回数据库、ECRI 的医疗器械安全报告、MHRA 的安全信息页面、加拿大卫生部的 MedEffect 等。你应该将所有已知的使用错误和问题纳入新器械的风险分析中，并在选择关键任务作为人因工程分析(即用户确认)的一部分进行评价时将其考虑在内。

消除或减少与使用有关的危险最有效方法通常是修改器械用户接口，而不是修改标签或进行培训。用户接口包括用户在使用器械、准备使用(如拆包开箱、校准、设置、测试)或进行维护(如清洁、维修、再处理)时与之交互的器械的所有方面，即用户能够看到、听到和触摸到的器械部件，包括控制器和显示器、警报器、操作逻辑，以及操作和维护器械所需的所有手册、标签和培训材料。在可能的范围内，用户接口应该是合乎逻辑和易于使用。设计良好的用户接口将促进正确的用户操作，并将防止或阻止可能导致伤害的行为(使用错误)。

与 HFE/UE 相关的标准包括：

- ANSI/AAMI/IEC 62366 - 1：2015——可用性工程在医疗器械上的应用；
- IEC/TR　62366 - 2：2016——可用性工程在医疗器械中的应用指南；
- AAMI/ANSI HE75：2009——医疗器械设计—人因工程学；
- EN 60601 - 1 - 6：2010＋A1：2015——医用电气设备——基本安全和基本性能通用要求附属标准可用性。

风险评价

记住，风险＝发生概率＋严重度。因此，一旦你确定了可能发生的危险，你需要估计危险发生的机会或概率以及由此产生的后果或伤害，以便估计风险水平。制造商有责任确定和建立概率水平和严重度水平，并将每个水平与某种描述性的或半定量的或定性的措施联系起来。水平的量由你决定。表 10 - 1 和表 10 - 2 显示了一个简单的概率矩阵和严重度矩阵。

表 10 - 1　伤害发生概率

概　　率	可　能　的　描　述
高	很可能发生，经常，频繁
中	可能偶尔发生，但不频繁
低	不太可能发生，罕见，极少

表 10 – 2　伤害严重度

严　重　度	可　能　的　描　述
严重的	死亡或功能丧失或结构丧失
中度的	可逆损伤或轻伤
可忽略的	不会造成损伤或会轻微受伤

在确定或估计故障概率时，请记住，概率可能会受到器械使用频率、器械寿命或用户或患者群体的影响。无论你选择什么方法来估计概率，都应以可靠的数据为基础。

概率可通过分析以下内容来估计：

- 已公布的标准；
- 科学技术数据；
- 临床数据；
- 专家意见；
- 典型用户的可用性测试；
- 上市后数据。例如，类似器械的市场数据（召回、投诉、不良事件等）。

严重度水平可能会受到与所造成的伤害的严重性有关的因素的影响。ISO 14971 的附录 C 讨论了一些风险估计的方法[①]。

因此，现在我们已经确定了概率和严重度水平，是时候建立相关的风险水平了。风险通常分为"低""中"或"高"，其定义见表 10 – 3 风险水平。

表 10 – 3　风险水平

风险水平	描　　　述
低	风险被认为是可以接受的，但应尽可能降低
中	风险应尽可能降低。如果受益大于剩余风险，则被认为是可以接受的
高	高风险必须降低到可接受的水平，除非可以证明受益大于风险（即被认为是必要的设计输出）。这可能需要对器械进行重新设计

关于什么是可接受的风险水平的决策，由制造商自行决定。在考虑到最新技术水平和接受风险的受益以及进一步降低风险能力的情况下，应始终尽可能地降低风险程度。

---

① 译者注：ISO 14971：2019 的指南 ISO/TR 24971：2020 附录 C 讨论了一些风险估计的方法。

如前所述,识别可能对安全产生影响的器械特征的过程,识别相关的危险,然后估计事件发生的概率和发生后的严重度,以确定风险水平,这个过程被称为执行"风险分析"。附录 G 提供了执行和记录风险分析的简单方法[①]。

风险控制

一旦你确定了风险程度,你就需要评价风险,以确定它是否可以接受和(或)你是否需要做一些事情来进一步消除或降低风险。有几种不同的方法,可以降低与医疗器械相关的风险。可以采取风险控制措施来降低伤害的严重度或降低伤害的发生概率,或两者兼而有之。有些监管方案规定了控制风险的固定层级,应按以下顺序检查,并可能包括各种策略的组合:

- 通过直接安全手段,即修改器械设计以消除危险或降低其后果。例如,使用特定的连接器,无法连接到错误的组件或附件;将手动操作时容易出现使用错误的功能自动化。
- 通过间接安全手段,即增加针对危险的保护措施或防范措施。例如,限制接触,例如对辐射危险;通过保护罩来屏蔽危险(例如,像你进去照 X 线片一样);在发生故障时有一个备份机制;使用自动切断或安全阀;或使用视觉或听觉警报来提醒操作者注意危险情况。
- 通过描述性的安全手段,即通过标签中的警告提醒操作者注意危险[②],限制器械的使用期限或使用频率,限制应用、使用寿命或环境;为用户提供培训;规定必要的维护和保养间隔、最大的预期产品使用寿命,或如何正确处置器械。

---

① 译者注:ISO 14971:2019 已发布生效,其指南 ISO/TR 24971:2020 附录 B 也提供了执行和记录风险分析的简单方法。

② 通过描述性的安全手段来降低风险程度,应作为最后的手段来考虑。你应该总是试图解决潜在的问题/危险,而不是给它们绑上绷带。绷带式的方法,如在使用说明书(IFU)中加入警告或重新标准化使用说明书,很少能有效地防止使用错误,因为不能保证用户会阅读它。不久前,我就发现了上述情况的示范例子。我一位朋友在一家退伍军人医院和一位护士一起查房。该护士要给一个糖尿病患者注射胰岛素,并正在使用一种新型的器械。然而,这位护士并没有费心去阅读使用说明书,因为使用说明书通常只是被扔在某个抽屉里,她没有时间去找它。我的朋友说,她看着药液在皮肤下散开,而不是进入静脉。她确信这一点,因为皮下颜色的变化和她的专业经验。护士接着在患者的病历上做了标记,表明已经给了药,并准备继续她的其他工作。幸运的是,我的朋友是一位受过良好教育的医学专业人士,她坚持让护士再看一下,并纠正这种情况。如果我的朋友没有注意到这个错误,患者的病历就会显示已经给了患者药物,如果患者开始出现与胰岛素下降有关的症状,这将使专业人员陷入困境。正如你所看到的,即使你把世界上所有的细节都写进使用说明书,也不能保证有人会阅读它。因此,即使你的器械可能是最新和最伟大的东西,可能比竞争对手的器械好得多,但如果你的器械在设计时没有考虑到用户,没有相对地了解或向用户展示器械的正确使用,患者可能会遭受后果。

- 通过重新定义预期用途，即修改器械的用途以预先排除危险。

大多数医学治疗都有风险，可能存在与使用特定器械相关的已知风险和危险。然而，这些风险几乎都是已知的或通过临床数据知道或识别的，若相关的风险大于使用该器械时给患者带来的收益，那么这些风险就需要通过设计本身来消除或最小化，或在标签中加以说明。通常需要更多关注的是：若有人尝试了非预期使用该器械会发生什么。请记住，团队一直在为器械的使用设计非常特定的方式，并且很可能考虑到特定的环境，但有人可能以完全不同的方式或在一个非预期的环境中使用器械。要预测器械可能被使用的每一种方式是不可能的。即使可以设想到一系列的情况，也往往难以估计该特定的危险可能有多严重。

风险评审

重要的是，要认识到为降低风险而采取的任何行动都可能产生新的风险或危险，或增加其他现有风险的**严重性**。因此，在实施风险控制措施后，你需要识别和评价任何可能的风险变化，即检查剩余风险。如果剩余风险仍然不可接受，那么进一步的风险控制措施/缓解措施可能是必要的，和（或）要进行风险/受益分析以证明接受风险的合理性。

一旦所有单个危险和相关的风险已被识别并得到适当的控制［即剩余风险是可接受的和（或）有合理的］，你需要确定来自所有来源的综合或总的风险是否可接受。仅仅因为单个风险可能都在可接受的范围内，所有这些风险的总和可能是不能接受的。想一想一张工程图纸，其中装配的每个零件都有自己的尺寸和公差。如果所有的零件都在它们的最大公差范围内，最终的装配/器械可能不适合在一起，或者它可能不再满足用户需求。

风险/受益分析应包括对使用该器械的医疗受益的临床数据和科学文献的评审，以确定综合受益是否超过综合风险。FDA 的指南文件《关于在医疗器械产品供应、合规性和执法决定中考虑受益-风险的因素》指出，可以通过考虑以下因素来评估器械的受益程度：

- 该器械对患者健康和临床管理可能产生的影响；
- 患者能在多大程度上体验到治疗效果或器械的有效性；
- 该器械有效治疗或诊断患者疾病或病症的可能性；
- 受益预计会持续多久；
- 患者认为使用该器械的价值；
- 该器械对医疗专业人士或护理人员在患者护理方面的受益；

- 该器械是否解决了其他器械或疗法无法满足的需求。

  该指南文件还指出,器械会对患者造成直接或间接伤害的风险应考虑到:

- 伤害的严重度:例如,死亡或严重伤害,暂时轻微的伤害或医学上可逆转的伤害,无相关患者的伤害;

- 发生有害事件的可能性;

- 有害事件的持续时间;

- 诊断结果的假阳性或假阴性的风险;

- 患者对风险的容忍度和对受益的看法;

- 对医疗保健专业人士或护理人员的不利影响。

  在受益/风险分析中需要考虑的其他因素可能包括:

- 器械的受益和风险的确定程度;

- 降低风险的措施以限制伤害;

- 问题的可探测性;

- 替代治疗或诊断方法的可获得性;

- 类似器械的上市后数据。

上市后风险管理

如前所述,风险管理适用于器械整个生命周期。因此,制造商的质量管理体系中应存在各种过程,用于获取在器械生命周期的生产和上市后阶段的器械信息。应评估这些信息的可能相关性,并将其反馈到风险分析中,以确定是否存在以前未识别的危险或危险情况;是否估计的风险已经改变和(或)不再可接受;或者是否最初的受益评估已经改变。如果剩余风险或其可接受性有可能发生变化,就应该评价对以前实施的风险控制措施的影响。

一个器械/器械家族的制造商风险管理计划应定义生命周期阶段和评审的频率/条件。在以下情况下可能需要对风险分析进行更改:

- 对该器械进行额外的指示/预期用途;

- 该器械家族中添加了其他配置;

- 对该器械设计、生产过程或标签进行了变更;

- 有器械的不合格和(或)投诉,证明有新的故障模式;

- 有器械的不合格和(或)投诉,使原来的评估无效,如增加了伤害的概率和(或)严重度;

- 质量趋势数据表明发生概率增加;

- 纠正措施的实施决定了要进行评审；
- 识别新风险（如由于技术、标准或临床评估/上市后数据和信息的变化）；
- 器械分类发生变化；
- 供应商变更。

第十一章

设计确认

为什么要设计确认

确认是超出验证设计输出满足设计输入的技术要求（即设计验证）范畴的一种活动。确认是要证明医疗器械满足用户要求和预期用途，即该医疗器械是市场所需要的产品。

什么是设计确认

设计确认是在考虑组件、材料、制造工艺和使用环境这些预期的变量下，对设计能符合用户需求和预期用途所做的全部的努力的结果做出的总结。确认策划应在设计和开发过程的早期就开始。应识别需要评估的性能特性，并建立确认方法和接受标准。根据器械的复杂程度，制定设计确认计划。

在进入确认的实际要求这一话题之前，我认为有必要先定义术语"确认"以及更具体到"设计确认"的含义是非常重要的。

确认是通过检查和提供客观证据来确定某一特定预期用途的特定要求能够始终得到满足[21 CFR 820.3(z)]。

设计确认包括形成文件的测试和必要的分析，以确认器械满足用户的需求和预期用途。换言之，是否制造了正确的产品，并且能证明它吗？不要将其与制造过程是否能重复生产出符合预先确定的规范的产品以及是否能证明这一点（即过程确认）相混淆。

要澄清设计验证和设计确认两者之间的区别，让我们回到第一章的巧克力曲奇饼干的例子。验证就是需要确定你正确地测量出所有的配料，按照食谱指示的顺序添加它们，并在指定的温度和规定的时间内能烤出饼干。确认则要求你回答你为之做饼干的人是否真的喜欢你做好的饼干。例如，如果你的"预期食客"是无谷蛋白饮食者、素食主义者或正在节食者,那么你的饼干可能不会受到欢迎。此外,如果你的"预期食客"对坚果过敏,或者喜欢有很多巧克力片,厚而耐嚼的饼干,而你的饼干有坚果,又薄又脆,只有很少的巧克力片,那么你仍然没能满足你的"预期食客"的需求。

设计确认的要求

设计确认通常在设计验证之后并可能包括设计验证活动,即器械已经被验证了符合器械规范要求,现在你想要确保器械满足用户的需求和预期用途。虽然设计确认的某些方面可以在设计验证阶段完成,但设计验证不能替代设计确认。设计确认通常包括功能和(或)性能评估,而不是必定要做实际的临床研究/使用。任何临床研究都需要按照国家或地区的要求/法规进行,并且在适当的实验室和动物试验完成,以及分析和评审其结果认为是可接受之前是不应该进行的(如器械的电气、热学、机械、生物和化学安全)。

设计确认的要求在 FDA 质量体系法规(QSR)的 820.30(g)部分以及 ISO 13485：2016 标准的 7.3.7 部分有相关规定。设计确认的要求包括以下几点:

- 首先,也是最重要的,确认活动必须按照已建立的程序和书面方案进行,这些程序和方案识别了设计项目、被测试的样品(如首次生产的一个或多个的批号)、使用有明确定义的确认方法,或引用的接受标准,适当时也包括基于统计技术的样本量理由。确认活动应包含在设计和开发计划中。
- 设计确认必须在规定的操作条件下,用首次生产的样品、批次或其等同品进行,以确保能代表总体的设计控制和适当的设计转换。测试应在预期使用该器械的实际或模拟使用环境中和在实际或模拟使用条件下对有代表性的产品(即与你的成品器械使用相同或极其相似的材料生产的器械)进行测试。注意:当在最终设计确认中使用等同生产的器械时,你必须证明为什么设计确认结果对实际生产样品、批次也是有效的。你不能使用在实验室或机械车间中开发的原型样品作为测试样品来满足确认要求。**表 11-1 给出了一个简单的生产等同性检查单。**
- 确认活动必须考虑所有相关方(即患者、卫生保健工作者、医生、家庭保健用户、临床医护人员、技术人员等)的能力和知识量,并针对每个应用或预期用途进行确认。例如,如果你开发了一个造口术排泄物收集袋,可以用于结肠造口患者和泌尿的尿路改道患者,那么设计的临床确认必须要证明这两种预期用途。

表 11 - 1 生产等同性检查单

		确定生产等同性的问题	证明生产等同性	等同(是/否)
1.		是否有任何技术、工艺和(或)性能的改变?		
	B1	是否有性能规格的改变?		
	B2	是否有对患者人体工程学/用户接口的改变?		
	B3	是否有规格尺寸的改变?		
	B4	是否有包装或者有效期的改变?		
	B5	是否有灭菌方式有改变?		
		B5.1 是否有由于灭菌的改变导致器械的性能规范或无菌保证水平发生了变化?		
2.		是否有物料发生改变?		
	C1	器械制造所用物料类型有改变?		
		C1.1 器械是植入类器械?		
		C1.1.1 植入物受影响部分的物料可能会接触身体组织或液体?		
		C1.1.2 是否有对性能规范的改变?		
		C1.2(非植入)器械受影响部分的物料是否可能接触体内组织或液体?		
		C1.2.1 考虑到物料可能会接触体内组织或液体,以及 ISO 10993 - 1 的要求,是否需要额外的测试?		
		C1.3 是否有性能规范的改变?		
	C2	是否有物料配方的改变,而不是物料类型的改变?		
	C3	器械生产的原材料供应商是否有改变?		
		C3.1 供应的新材料是否符合规范要求?		

- 适用时,确认活动需要处理包括对标签或标记的设计输出(例如,包括警告的使用说明;禁忌症和注意事项;操作说明书,包括安装/准备,装配/连接,检验/测试和应用;功能和性能要求;清洁和消毒;灭菌;维护和处置要求等)的确认。

- 确认活动还需要包括包装的适当性的确认(例如,包装是否保护器械免受运输、储存和搬运条件的影响?),因为这些环节可能有重大的人因工程的影响,并可能以意想不到的方式影响器械的性能,如功能性、无菌性、货架寿命等。

- 适当情况下,设计确认应包括软件确认。这包括作为医疗器械组成部分的软件、自身作为医疗器械的独立软件和用于器械的生产或质量体系实施的软件。在模拟使用环境中进行器械软件功能测试和用户现场测试,通常作为软件自动化设备的总体设计确认项目的组成部分。

- 如前一章所讨论的,需要进行风险分析,以确保任何已知或预期的风险被识别、消除或降低到可接受的水平,并确保综合剩余风险符合总体可接受标准。在器械的设计转换到生产之前,应进行风险分析的最终评审。

- 如果器械预期会被连接到其他设备,或与其他设备有接口,确认应包括证实在连接或交互时已满足规定的应用或预期用途的要求。这尤其是与经常相互连接的电子医疗设备以及其他产品、技术和系统相关的特别重要,以确保这些连接的系统能够安全有效地交换和使用信息。这包括确保由软件组成或包含软件的医疗器械具有足够的安全性,避免有意或无意的未经授权的访问(即网络安全)。

- 必须记录所有确认的结果和解决差异的任何措施。确认记录应包括设计项目的识别、日期、结果和执行确认的人员,以及结论和(或)要采取的任何措施。这成为设计历史文件(DHF)的一部分。

设计确认必须在器械商业化销售之前完成。如果一款医疗器械只能在使用地点组装和安装之后进行确认,则在产品正式移交给客户之前,不应认为交付已经完成。用于临床评价和(或)研究而提供医疗器械,不应视为交付。

注意,在临床研究中使用原型样品是可以接受的;然而,当原型样品在人体上使用时,必须在最大可行的程度上验证它们是安全的。然而,最终的设计确认不能在原型样品上完成,因为实际生产和销售的器械很少与研发原型样品相同。通常情况下,没有在原型样品中反映出来的变更是为了方便制造过程而对器械进行的,这些变更可能会对器械的功能和用户接口特性产生不利影响。因此,最终的验证和确认必须包括在器械预期使用的实际或模拟环境中,在实际或模拟使用条件下对实际生产的器械进行测试。

当临床评价完成时,设计确认也就完成了。不要混淆"临床评价"和"临床试验"。**临床评价**是对与医疗器械有关的临床数据进行评估和分析,以验证该器械的临床安全性和性能。临床评价的输入主要是临床数据,以临床调查报告、文献报告/综述和临床经验(如不良事件报告、召回等)的形式输入。**临床试验**,也被称为

"临床调查"或"临床研究",被定义为对一个或多个人体实验对象的系统性调查或研究,负责评估医疗器械的安全性和(或)性能,目的是评估有关器械的安全性和临床性能,并评估该器械是否适合其预期用途和人群[GHTF SG5/N1R8]。

如果你计划或者已经在欧洲销售你的器械,你会或将会非常熟悉临床评价的要求,因为所有进入欧洲市场的医疗器械都需要临床评价。符合欧盟医疗器械法规关于临床评价的要求是非常明确的,这些要求将可能成为令很多制造商感到头疼的事。附录 H 包含了一个临床评价报告所需信息的模板。这个模板是基于欧盟委员会发布的 MEDDEV 2.7.1 关于临床评价的指南文件。请注意,关于临床评价过程有一些附加要求,这些并不在本书的讨论范围内。

如果你正在实施医疗器械单一审核项目(MDSAP),设计确认要求也需符合如下法规:

澳大利亚：TG(MD)R, Reg 3.11,附表 3,第 1 部分,第 1 条款 1.4(5)(c)(d),第 8 部分和附表 1。

加拿大：CMDR 9,10—20。

巴西：RDC ANVISA No. 16 章节 2.4,4.1.8,4.1.11,RDC ANVISA No.56

日本：MHLW MO 169,第 2 章,第 26、35 条。

设计确认过程

设计确认过程的一个示例,如图 11 - 1 所示。

设计确认活动

设计确认活动可能包括但不限于以下内容：

- 通过机构评审委员会(IRBs)及研究器械豁免(IDE)程序进行的临床研究(或)试验。对于不属于重大风险的器械,IRB 的批准通常就足够了(在美国)；
- 510(k)/上市前批准(PMA)历史数据库搜索,以识别对比器械并启动实质性等同论证过程；
- 稳定性研究以确定器械的货架寿命；
- 在临床或非临床环境下进行的临床评价；
- 与器械或实质等同器械相关的文献搜索(已发表的期刊文章)；
- 评审标签和说明书的可用性、易理解性；

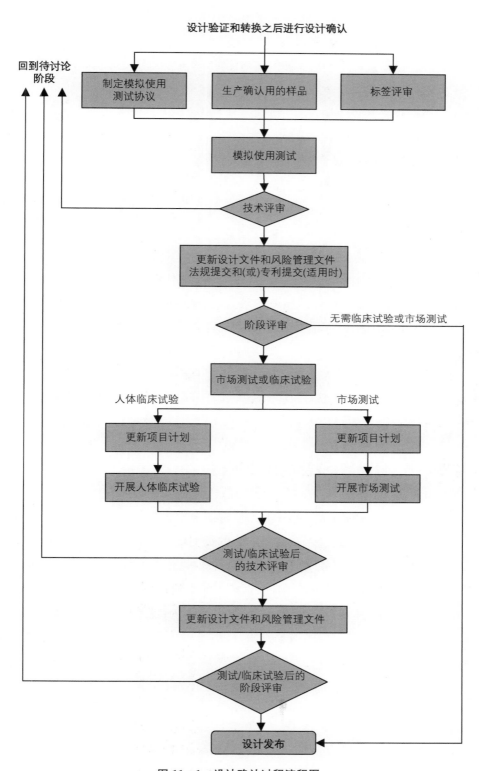

图 11 - 1 设计确认过程流程图

- 评估产品包装在常规储存和搬运条件下对器械的保护,如跌落、防静电 (ESD)、紫外线、阳光等;
- 在各种运输条件下评估器械的环境测试,如温度、湿度、振动等;
- 模拟使用性能和安全测试;
- 人因工程/可用性测试;
- 生物相容性测试(刺激、致敏、细胞毒等);
- 软件确认-贝塔测试;
- 从用户角度进行的风险分析。

设计确认结果

在设计确认过程中,可能出现与用户需求和预期用途的原始假设(如器械规格或输出)有关的缺陷。设计确认还可能暴露之前没有预料到的新风险或危害。因此,任何解决缺陷的措施都需要在器械的设计正式转还到生产之前进行处理和解决。

把设计确认活动包含在追溯矩阵中将有助于证明用户需求是如何转化到设计输出并被验证满足用户需求的。每个确认活动都应提及评估方法或研究方案及其最终报告(详见附录 D)。

医疗器械物料及最终成品的风险评估

任何供人体使用的新医疗器械的评估都需要来自系统性测试的数据,以确保最终产品提供的受益将超过器械材料产生的任何潜在风险。因此,要选择和评价预期用于人体的材料和器械则需要一种评估方法来建立生物相容性和安全性。在本书的设计输入章节,我们识别了定义医疗器械生物特性的需求,并讨论了在选择医疗器械材料或组件时需要考虑的一些因素,如器械的临床预期用途、接触时间和侵入程度。在产品开发过程的这个阶段,你需要确认你所选择的物料或组件对于最终成品器械的预期使用是否是安全和有效的,即评估风险。下一章我们将更详细地探讨有关材料和最终成品医疗器械的生物相容性评价。

第十二章

生物相容性

确保医疗器械及其组件(材料)安全或生物相容性是所有设计控制程序的基本因素。生物相容性通常通过回答两个基本问题的试验来确定:

1. 材料是否安全?

2. 其是否具有预期功能所需的物理和机械性能?

生物材料通常是一个复杂的实体,材料毒性受物理和化学性质的影响。生物材料或聚合物配方的毒性通常来自迁移到表面和从材料中提取到的成分。进行材料测试可以确定材料的毒性、是否存在任何可沥滤物质以及材料/器械是否会随时间和在不同环境中发生降解。

对预期用于人体的任何新器械的评价将需要系统性试验的数据,以确保最终产品提供的受益将超过器械材料产生的任何潜在风险。因此,预期用于人体的材料和器械的选择和评价需要一种评估方法来确立生物相容性和安全性,并且应在风险管理过程的框架内进行。

当存在足够的临床前或临床证据支持某些生物危险的安全性时,就不需要进行相应的试验;但是,必须通过适当的试验减少剩余的生物危险。可通过表 12-2 所列的试验将生物危险降低到适当的风险水平。

生物学特征需要考虑器械的预期临床用途、接触时间(即器械的使用时间)和预期接触性质(即器械及其组件在正常使用过程中可能接触的组织和体液)。

以上这些问题的答案对于确定器械及其组件所需的毒性性质和生物相容性试验至关重要。因此,下面让我们定义"使用时间"和"预期接触"或"侵入程度"的含义。

使用时间

接触/使用时间分类如下:

- 短期或短暂使用——1 次或多次使用或接触时间不超过 24 小时的器械；
- 长期或短期使用——1 次、多次或长期使用或接触时间可能超过 24 小时但小于 30 天的器械；
- 永久或持久使用——1 次、多次或长期使用或接触超过 30 天的器械。

特别值得注意的是,医疗器械法规对使用时间的定义。"连续使用被认为是同一器械的整个使用持续时间,而不考虑持续期间的使用暂时中断或为清洁或消毒器械的目的而暂时移除。应根据使用中断或器械移除之前和之后的使用持续时间确定使用中断或移除是否是暂时的;以及制造商预期立即替换为另一种相同类型器械的累积使用。"因此,如果你使用器械(如伤口敷料),24 小时后更换为新敷料,如使用 3 个月,则被视为连续使用,这将被归类为持久或永久使用,而非长期使用。

侵入程度

器械可用于人体表面;插入孔口或皮肤;或通过摄入、吸入、皮肤吸收或植入进入人体组织、空间或器官。器械可能接触血液、黏膜组织、肌肉或其他结缔组织、骨、牙齿和其他组织。当谈到侵入程度时,你是指器械与身体/患者接触的性质。如果参考 ISO 10993-1 矩阵,分类将按表 12-1 所示进行细分,接触时间越长,天然屏障(如皮肤)对组织的保护越少,安全性评价就越广泛、越深。

表 12-1 侵 入 程 度

器 械 类 别	器 械 示 例
非接触器械——不直接或间接接触患者身体的器械	医疗器械软件、呼吸机、医用气体、体外诊断器械
表面接触器械	
皮肤——仅接触完整皮肤表面的器械	电极、体外假体、固定带、压缩绷带和各种类型的监测器
黏膜——接触完整黏膜的器械	隐形眼镜、导尿管、阴道内和肠内器械[胃管、乙状结肠镜、结肠镜(胃镜)、气管内导管、支气管镜、假牙、正畸器械和子宫内器械]
破裂或受损表面——接触破裂或其他受损体表的器械	用于溃疡、烧伤和肉芽组织的敷料、促愈合器械和封闭敷贴
外部接入器械	
血路,间接——在一个点接触血路并作为液体进入血管系统的管道的器械	输液器具、延长管、转换器和输血器具
组织/骨/牙本质——接触组织、骨或牙髓/牙本质系统的器械	腹腔镜、关节内窥镜、引流系统、牙科黏合剂、牙科填充材料和缝皮钉

续　表

器　械　类　别	器　械　示　例
循环血液——接触循环血液的器械	血管内导管、临时起搏器电极、氧合器、体外氧合器管路及附件、透析器、透析管路及附件
植入器械	
组织/骨——主要接触骨的器械	矫形钉、矫形板、人工关节、骨假体和骨水泥
血液——主要与循环血液接触的器械	起搏器电极、人工动静脉瘘、心脏瓣膜、人工血管、体内给药导管和心室辅助器械

生物学效应/终点

在生物相容性评价中有 12 个主要生物学效应或终点需要考虑。通过考虑这 12 种效应,你将涵盖几乎任何一种器械对哺乳动物组织、器官或整个身体产生的影响:

- 细胞毒性——对单个细胞的影响;
- 致敏反应——免疫反应;
- 刺激或皮内反应——局部细胞效应;
- 急性全身毒性——对身体系统的即时影响-例如中枢神经系统;
- 亚急性毒性——需要数周至数月出现的器官或系统效应;
- 遗传毒性——对 DNA 的影响;
- 植入反应——对植入物周围组织的影响以及身体系统对植入物的影响;
- 血液相容性——血液效应;
- 慢性毒性——需要数月至数年出现的器官和身体系统效应;
- 致癌性——致癌效应;
- 生殖和发育毒性——对生育后代能力和对后代健康的影响;
- 生物降解——身体对器械的影响;
- 生物相容性试验。

生物学试验注意事项

单一试验无法确定生物相容性。因此,有必要测试尽可能多的生物相容性参数。测试尽可能多的材料样品也很重要。应使用适当的阳性和阴性对照,并在重复试验中产生标准反应。使用加严审核的挑战,例如使用更高的剂量范围和更长的接触持续时间或比实际使用条件更严重的多重伤害,这对确保患者安全很重要。

大多数确定急性毒性的生物相容性试验都是短期试验。这些短期试验的数据不应过度扩展至没有试验结果可用的领域。生物相容性试验应设计用于评估实际使用条件或接近实际使用条件的特定条件下的潜在不良影响。从生物相容性试验获得的物理和生物学数据应与器械及其预期用途相关。这些测试的准确度和重现性将取决于使用的方法和设备,也取决于研究者的技能和经验。

在计划进行生物相容性试验之前,应考虑多种毒理学原理。生物相容性取决于与器械接触的组织。例如,与血液接触器械的生物相容性要求与外部导尿管的生物相容性要求不同。生物相容性保证的程度还取决于侵入程度和与人体接触的持续时间。例如,一些材料,如骨科植入物中使用的材料,在患者体内会持续很长时间。在这种情况下,生物相容性试验需要证明植入物在长期使用期间不会对身体产生不良影响。材料或器械生物降解的可能性也不容忽视。体内生物降解会改变植入物的安全性和有效性。例如,在一次性血液透析过程中,从塑料中沥滤出的材料可能非常少,但每周透析3次的患者可能在其一生中总计接触到几克的物质。因此,适当时还应评估累积效应。

同样值得注意的是,两种具有相同化学组成但具有不同物理特性(如颗粒的尺度)的材料可能会引起不同的生物反应。看似相同的材料的既往生物学经验也不一定是新应用中生物相容性的保证。由于配方和生产过程的差异,毒性可能来自材料的可沥滤成分。

生物相容性试验的挑战是尽可能使用现有数据来降低未知的危害并帮助做出符合逻辑决策。只有当材料实际暴露于患者时,才能真正知道具有固有潜在毒性的物质所带来的危险。因此,风险是毒性危险和暴露的后果,可通过确定潜在有害物质的总量、估计到达患者组织的量、评估暴露风险以及进行风险受益分析来评价。从器械中迁移或包含在器械中或其表面上的任何材料的安全性也应评价。当从生物相容性试验中识别出使用生物材料造成的潜在伤害时,必须将该潜在伤害与替代材料的可用性进行比较。

生物相容性的法规方面

需要对毒理学风险进行评估,以确保生物安全性。目的是确保器械不会伤害患者、用户或其他人员的临床状况或安全性,"前提是当与患者受益相权衡时,与其使用相关的任何风险均可接受。"

毒理学风险需要 3 种基本类型的信息：

1. 材料的化学性质（包括成分的毒性）；

2. 材料的过往使用史；

3. 生物安全性试验资料。[①]

通常用于协助确定生物学试验要求的可接受行业标准是 ISO 10993 - 1，医疗器械生物学评价第 1 部分：评价和试验。FDA 发布了标题为《国际标准 ISO - 10993，医疗器械生物学评价-第 1 部分：风险管理过程中的评价与试验的使用》的指南文件，以提供关于 ISO 10993 - 1 标准使用的进一步澄清和更新信息。该标准还纳入了一些新的考虑因素，包括使用基于风险的方法来确定是否需要进行生物相容性试验、化学评估建议，对于含有亚微米或纳米技术成分的器械以及由原位聚合和（或）可吸收材料制成的器械，生物相容性试验样品的制备建议。本文件涵盖 ISO 10993 - 1 的使用，但也与其他生物相容性标准相关（例如，ISO 10993 系列标准的其他部分，ASTM、ICH、OECD 和 USP）。本指南文件替代 FDA 的备忘录 G95 - 1，标题为《国际标准 ISO - 10993，医疗器械生物学评价第 1 部分：试验评价的使用》。

ISO 10993 - 1 标准和 FDA 指南文件包括生物学评价的发展框架（见表 12 - 2 和图 12 - 1）。ISO 10993 - 1 矩阵，请理解两者仅提供了试验选择的框架，而不是一个试验核查清单。同样，评估产品安全性和符合性所需的特定安全性试验的数量和类型将取决于最终器械的个体特征、其组成材料及其预期临床用途。

医疗器械制造商也需要谨慎使用一般公认安全（GRAS）物质。GRAS 物质可参见 21 CFR 第 182 部分，适用于食品。因此，不能自动假定 GRAS 列表中的任何材料或物质对医疗器械安全有效。

生物相容性试验程序

制造商需要建立生物相容性试验程序，包括以下部分或全部活动：

- 收集有关材料和成品器械的可用数据；

- 完成材料的化学表征；

- 识别快速、灵敏、经济有效的筛查试验；

- 监测进厂原材料、最终产品和生产工艺；

- 定义产品放行测试和通过/未通过标准。

[①]　MHRA 生物安全性评估指南，2006 年 1 月。

表 12 - 2　试验考虑的生物相容性评价终点①

器械分类		生物学效应/试验										
身体接触性质	接触时间 1=短期(≤24 h) 2=长期(>24 h~30 d) 3=持久(>30 d)	细胞毒性	遗传毒性	急性全身毒性	刺激或皮内反应ᵃ	植入	致敏	血液相容性	材料介导的热原	亚急性/亚急性毒性/亚慢性毒性	慢性毒性	致癌性
表面器械												
完好皮肤	1	*			*		*					
	2	*			*		*					
	3	*			*		*					
完整黏膜	1	*			*		*					
	2	*		◇	*	◇	*		◇	◇		
	3	*	*	◇	*	◇	*		◇	*	◇	
破裂或损伤表面	1	*		◇	*		*		◇			
	2	*		◇	*		*		◇			
	3	*	*	◇	*	◇	*		◇	*	◇	◇

① 译者注：基于 FDA 对国际标准 ISO 10993 - 1,附件 A 和 ISO 10993 - 1: 2018,表 A.1 的使用。

○ -组织包括组织液和皮下部位。

* - ISO 10993 - 1: 2018 建议考虑的终点。

◇ - FDA 建议考虑的其他终点。

续　表

| 器械分类 | | 生物学效应/试验 | | | | | | | | | | |
身体接触性质	接触时间 1=短期(≤24 h) 2=长期(>24 h～30 d) 3=持久(>30 d)	细胞毒性	遗传毒性	急性全身毒性	刺激或皮内反应a	植入	致敏	血液相容性	材料介导的热原	亚慢性毒性/亚急性毒性	慢性毒性	致癌性
外部接入器械												
血路,间接	1	*		*	*		*	*	◇			
	2	*		*	*		*	*	◇	◇		
	3	*	*	*	◇	◇	*	*	◇	*	◇	◇
组织/骨/牙本质	1	*	◇	◇	*	*	*		◇			
	2	*	*	*	*	*	*		◇	*		
	3	*	*	*	*	*	*		◇	*		
循环血液	1	*		*	*	*	*	*	◇			
	2	*	*	*	*	*	*	*	◇	*		
	3	*	*	*	*	*	*	*	◇	*	◇	◇

续 表

植入器械

身体接触性质	器械分类 接触时间 1=短期(≤24 h) 2=长期(>24 h~30 d) 3=持久(>30 d)	生物学效应/试验 细胞毒性	遗传毒性	急性全身毒性	刺激或皮内反应ᵃ	植入	致敏	血液相容性	材料介导的热原	亚慢性毒性/亚急性毒性	慢性毒性	致癌性
组织/骨	1	*		◇	*		*		◇			
	2	*	*	*	*	*	*		◇	*		
	3	*	*	*	*	*	*		◇	*	◇	◇
血液	1	*	◇	*	*	*	*	*	◇	*		
	2	*	*	*	*	*	*	*	◇	*		
	3	*	*	*	*	*	*	*	◇	*	◇	◇

注：基于 FDA 对国际标准 ISO 10993 - 1，附件 A 和 ISO 10993 - 1: 2018, 表 A.1 的使用。
○ – 组织包括组织液和皮下空间。
* – ISO 10993 - 1: 2009 建议考虑的终点。
◇ – FDA 建议考虑的其他终点。
所有的 * 和 ◇ 在生物安全性评估中，应通过使用现有数据、额外的终点特定试验或解释终点不需要额外评估的理由来解决这些问题。

此外,制造商应选择可靠的、最先进的生物测试方法来证明器械用于预期用途的安全性。

监管问题与科学考虑同样复杂。监管问题可能包括:

- 预期人体对器械的接触;
- 对化学伤害的生物耐受性;
- 测试变量;
- 物种的差异;
- 试验与器械及其使用的相关性;
- 证实试验的准确性和预测值;
- (对测试结果的)合适的解读;
- 使用未观察到的对化学伤害的生物反应(阴性结果)来预测生物相容性。

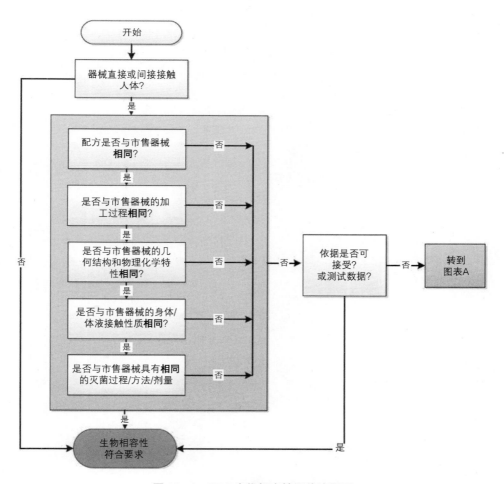

图 12 - 1 FDA 生物相容性评价流程图

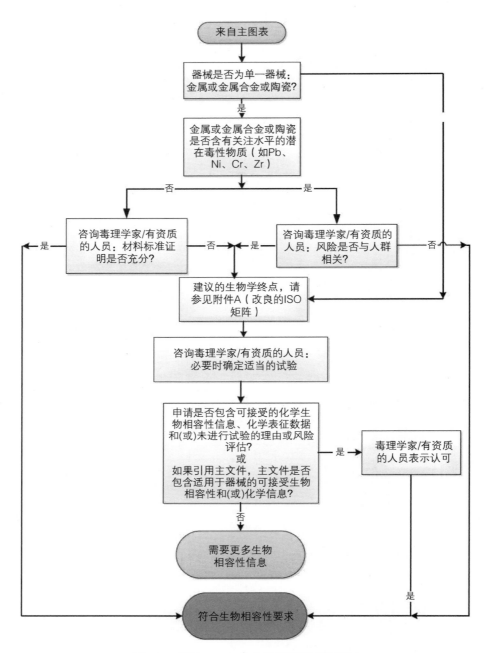

图 12 - 1(续) FDA 生物相容性评价流程图

在生物相容性试验程序设计过程中,应避免不理想的极端条件。如前所述,重要的是不要试图通过单次试验来证明生物相容性。更重要的是,生物相容性计划应基于器械的预期用途。用大量的测试样品进行大量的测试与测试的准确性、特异性、显著性和经济性同样重要。

医疗器械的类型、用途、功能、暴露和接触各不相同。因此,一个测试系统无法满足所有应用。但是,如果器械是由众所周知的、之前经过良好测试的材料制成的,或者仅使用具有长期安全历史的材料用于相同的预期用途,制造商不必简单地重复广泛的生物相容性测试程序来填写安全性证据文件。对于器械的预期用途,一些试验可能不适当或不必要。例如,热原试验适用于静脉内导管,但不适用于仅接触完整外表皮肤的局部器械。

生物相容性试验阶段

医疗器械良好生物相容性试验程序应遵循三级生物相容性试验(表 12-3):

- Ⅰ级检测提供了物料的物理、化学和毒理学特性信息。Ⅰ级测试通常不难执行,需要现成的设备,考虑生物材料的初始表征,并作为进行的所有其他测试的基础。这些测试具有广泛的应用和低分辨率,建议用于开发早期阶段的筛选和新材料批次的持续监测。
- Ⅱ级试验包括急性毒性试验和一些亚慢性和慢性试验(如需要)。Ⅱ级测试基本上是Ⅰ级测试的延伸,涉及多种体外和体内器械测试,根据Ⅰ级筛选测试结果,需要进行额外测试。这包括广泛的临床前试验,例如药代动力学研究和终生生物测定或由于器械的复杂性和(或)预期用途而进行的特殊试验。
- Ⅲ级测试是医疗器械的最高测试水平,涉及临床研究。这对于植入器械尤其重要。制造商应根据Ⅰ级测试的结果确定是否继续进行Ⅱ级或Ⅲ级测试。

表 12-3 生物学试验-生物材料

Ⅰ级		
急性	筛选试验	细胞毒性
		USP 生物学试验
		溶血
	其他试验	刺激
		致敏
		植入

		血液相容性
		致突变型
		生殖
		热原
亚慢和慢性		刺激
		致敏
		植入
		血液相容性
		生殖和发育
Ⅱ级		
慢性		植入
		生殖和发育
		致癌性
Ⅲ级	临床研究	基于Ⅰ级的附加测试,如药代动力学

筛选试验

在没有首先获得组件材料数据的情况下测试成品器械是有风险的。如果发生不良事件,可能很难确定是哪个组件导致的问题。筛选器械材料最大限度地降低了这种风险,并允许在早期阶段快速和相对便宜地排除不相容材料。细胞毒性试验、皮内和(或)皮肤刺激试验和血液相容性试验是筛选材料安全性的良好候选试验。此外,有许多细胞或组织培养方法可以根据生物材料定制。除非明确禁忌,应考虑直接接触试验和使用极性和非极性浸提介质的浸提液进行的试验。**注意**:这些筛选试验预期不用于证明材料具有生物相容性,但可用于排除严重不相容的材料。

系统性毒性

医疗器械在短期、长期或连续应用于人体时,引起系统性毒性反应的风险主要取决于预期使用期间从产品中释放出相关量的毒性物质被系统性吸收的风险。系统性毒性反映了动物/人体作为一个整体受到的影响。在系统性毒性试验中,动物接触测试样品或其浸提液。系统性毒性试验可分为4类,每类均基于暴露持续时间。包括：

- 急性毒性＝单次、短期（24～72 小时）暴露于化学物质导致的毒性效应。
- 亚急性毒性＝化学物质单次或多次给药 14～28 天（约 1 个月）产生的毒性作用。
- 亚慢性毒性＝长期暴露于化学物质长达 90 天（1～3 个月）的毒性作用。
- 慢性毒性＝连续和长期暴露超过 90 天（通常为 6～12 个月）的毒性作用。

毒性试验应与化学和物理分析结合使用，以避免用于不合格材料的昂贵开发。大多数医疗器械无须进行慢性毒性试验。所需试验的类别应与器械的临床预期用途相似。

生物材料急性毒性的最常见原因是有毒物质的存在和可沥滤性。因此，沥滤物的检测应是试验系统的主要关注点。

急性毒性试验，包括但不限于：

- ISO 10993 - 11——全身毒性试验；
- OECD 423——急性经口毒性；
- USP⟨88⟩——体内生物反应性试验；
- ASTM F - 750——通过小鼠全身注射评价材料浸提液的标准规范。

急性毒性试验使用器械或器械材料的浸提液来检测产生系统性（与局部相反）毒性作用的可沥滤物。将试验材料和阴性对照空白的浸提液注射到小鼠体内（静脉注射或腹腔内注射，取决于浸提介质）。注射后，立即和其他 4 个时间点观察小鼠的毒性体征。材料生物相容性矩阵建议对所有血液接触器械进行该试验。它也适用于接触人体组织的任何其他器械。

亚慢性毒性试验是用于确定长期或多次接触试验材料和（或）浸提液，在试验动物总寿命期的 10％以内（如，在大鼠体内最长接触 90 天）可能产生的有害影响的器械。在选择亚慢性毒性动物模型时，需要考虑医疗器械的实际使用条件。

所有永久性器械都需要进行亚慢性毒性试验，长期接触人体组织的器械也应考虑进行亚慢性毒性试验。亚慢性系统性毒性试验包括 ISO 10993 - 11。

第五类系统性毒性试验是热原试验。用于确定测试样品引入血液时是否能够引起发热原反应。FDA 要求与循环血液或脑脊液接触的器械无致热原性，人工晶状体也是如此。在美国，有两种类型的致热原性试验，一种是体外试验，另一种是体内试验。

细菌内毒素（LAL）试验是一种体外试验，用于检测源于细菌的热原（称为内毒素）。LAL 试验用于批放行试验，必须对每种器械或材料进行确认（USP⟨85⟩——细菌内毒素试验/ISO 10993 - 11）。

家兔热原试验是一种体内生物相容性试验,用于检测细菌内毒素以及可能在试验材料或浸提液中发现的材料介导热原(USP⟨151⟩——热原试验/ISO 10993 - 11)。

细胞毒性和细胞培养

细胞培养试验(包括细胞毒性)与其他适当的试验一起使用时,是生物相容性的良好预测指标。细胞培养试验确定细胞溶解(细胞死亡)、细胞生长抑制、集落形成和材料直接接触或可沥滤物质(浸提液)对细胞造成的其他毒性作用。有几种高度专业化的细胞培养技术可用于监测器械生产所用原材料的生物相容性或审核生产过程。

细胞毒性检测提供了一种快速、廉价、可靠、方便、灵敏和可重复的筛查方法,在检测过程的早期阶段检测细胞死亡或对细胞功能的其他严重负面影响。在进行体内试验之前,要选用筛选过的生物材料。如果样品未能通过任何生物相容性试验,通常 90% 的可能性通不过细胞毒性试验。细胞毒性试验未通过试验。细胞毒性试验失败通常是进行确认试验的根据,例如植入或皮内反应性试验。

有许多细胞毒性试验方法可用于检测生物材料。这些试验可分为 3 类:使用浸提液的试验、直接接触试验和间接接触试验。将根据待评价样品的性质(如液体、固体、凝胶)、潜在使用部位和预期用途进行哪种检测。

ISO 10993 - 5 中讨论的 3 种常见体外试验,包括:

- MEM 洗脱试验
- 直接接触试验
- 琼脂扩散/覆盖试验

使用浸提液进行评价

通过暴露于细胞培养物(如 L929 小鼠成纤维细胞系)对试验器械和材料的浸提液进行试验。细胞活性的丧失表明存在细胞毒性沥滤物。使用浸提液的细胞毒性试验方法示例,包括:

- 液体培养基组织培养试验(MEM 洗脱)评价测试样品浸提液对融合单层细胞培养物造成的细胞损伤。本方法使用不同的浸提介质和浸提条件,根据实际使用条件或加严这些条件对器械进行试验。MEM 洗脱法适用于高密度材料。制备后,将浸提液转移到一层细胞上,并在最必需培养基(MEM)中培养 24 小时或更长时间。孵育后,在显微镜下检查细胞的畸形、变性和细胞溶解。

- 细胞生长抑制试验(生长抑制试验)是一种信息量更大的试验,需要更多的时间和技能,可用于评价医疗器械塑料或人工晶状体。将蒸馏水浸提物加入组织培养基中,并与组织培养管中的细胞一起接种。孵育 72 小时后,通过对从单个试管中取出的细胞进行总蛋白测定来确定细胞生长的程度。
- 克隆效率试验(菌落形成细胞毒性试验)的信息量、灵敏度和定量性更高,需要更多的技能。克隆效率试验的程序和终点相似,但比细胞生长抑制或液体培养基方法更准确、更灵敏和更直接。克隆效率试验通常使用中国仓鼠卵巢细胞系和单细胞克隆技术来估计克隆效率中诱导的毒性损伤。通过测量处理细胞在随后 7 天孵育期间形成集落的能力,确定浸提液的细胞毒性效应。比较处理培养物与对照培养物的克隆效率。琼脂覆盖法可用于评价浸提液的毒性,但主要用于固体测试样品的直接接触细胞毒性试验。

通过直接接触进行评价

有几项试验可用于通过直接接触检测细胞毒性。对于低密度材料,推荐使用直接接触法,例如用于隐形眼镜的聚合物。使用该方法,将一块试验材料直接放置在培养基上生长的细胞上。然后将细胞孵育 24 小时。孵育期间,测试样品中的沥滤化学品可扩散至培养基中并接触细胞层。测试样品的反应性表现为试验材料周围细胞畸形、变性和溶解。

直接接触方法,包括但不限于:

- ASTM F813——医疗器械用材料直接接触细胞培养评价的标准规范;
- ASTM F895——细胞毒性的琼脂扩散细胞培养筛选的标准试验方法;
- ASTM F1027——口腔颜面修补材料和器械的组织与细胞相容性的评价。

间接接触评价

可使用浸提液或直接进行琼脂扩散试验。琼脂覆盖组织培养法(琼脂扩散试验)适用于高密度材料,如弹性胶塞。在本方法中,将固体测试样品置于单一层琼脂层上,琼脂层含有一单层 L-929 细胞上的染色剂,并孵育 24 小时。可沥滤物质可扩散到琼脂中并接触细胞层。毒性表现为试验器械周围的活细胞损失。

适当的细胞毒性试验必须至少包括一项浸提液试验和一项直接接触试验。

USP 生物学试验

为了检测生物反应性,制造商经常使用 USP 程序来评价聚合物材料的生物风险,如弹性体、热塑性塑料和硬塑料。这些试验主要适用于制造医疗器械的材料,而不是医疗器械自身。这些试验包括 USP⟨87⟩体外生物反应性试验和 USP⟨88⟩体内生物反应性试验(用于评定 I - VI 类塑料等级)。然而,USP 方法已在很大程度上被 ISO 10993 取代,并且 USP 塑料材料试验系列不能取代 ISO 10993 - 1 中要求的评价试验。

　　USP⟨87⟩——体外生物反应性试验,包括 ISO 10993 - 5 中的琼脂扩散试验、MEM 洗脱试验和直接接触试验,存在一些微小差异。

　　USP⟨88⟩——体内生物反应性试验,包括:

- 系统注射试验和皮内注射试验,旨在通过单剂量注射由样品制备的特定浸提液来确定动物对塑料和其他聚合物的生物反应。
- 植入试验——通过将样品植入动物组织中,评价活体组织对塑料的反应。本试验用于检测预期用于制造容器和附件、用于胃肠外制剂以及用于医疗器械、植入物和其他系统的材料的适用性。

　　塑料分类试验(即 USP⟨88⟩)包括使用四种浸提介质的一种或多种组合的各种检测组合。塑料分类试验在生物相容性试验项目中具有一定价值,但医疗器械很少需要全面的 VI 类试验。作为一般规则,与美国药典相比,FDA 和 ISO 10993 文件采用了更广泛和更全面的生物相容性观点,并取代了 USP,用于评价支持产品注册向 FDA 提交的研究。

刺激试验

　　一旦完成体外试验(如细胞毒性试验),可根据器械的预期用途完成体内生物学试验。刺激或皮内试验使用动物模型和(或)人体的适当部位或植入组织(如皮肤和黏膜)评估器械、材料和(或)浸提液的刺激和致敏潜力。接触途径(皮肤、眼睛、黏膜)和接触时间应适合器械的预期临床用途。例如,如果产品是角膜接触镜盒,则应进行眼部刺激试验。

　　刺激/皮内反应试验,包括但不限于:

- USP⟨88⟩/ISO 10993 - 10/ASTM F - 749——皮内反应试验;
- ISO 10993 - 10/OECD 404——皮肤刺激(Draize 皮肤试验);
- ISO 10993 - 10——黏膜刺激试验(阴道、直肠、口腔、阴茎);
- ISO 10993 - 10/OECD 405/FDA——眼部刺激试验(Draize 眼部试验)。

　　皮内反应试验、皮肤刺激试验和眼部刺激试验是 3 种最常见的刺激试验程序。但是,根据医疗器械的预期用途,可以考虑其他测试程序。

皮内试验是一种灵敏的急性毒性筛选试验,通过使用试验材料和空白对照的浸提液并进行皮内注射来检测潜在的局部刺激。对注射部位的红斑和水肿(发红和肿胀)进行评分。建议将本程序用于与身体或体液发生外部接入或内部接触的器械。它能够可靠地检测可从生物材料中提取的化学物质引起局部刺激的可能性。

进行原发性皮肤刺激试验以展示器械通过接触皮肤而产生的潜在毒性。因此,对于与完整或破损皮肤发生外部接触的外用器械,应考虑使用。在本程序中,将试验材料或浸提液直接敷贴于家兔皮肤上的完好和磨损部位。暴露 24 小时后,移除材料,对接触部位的红斑和水肿进行评分。

对于与完整的自然通道或组织有外部接入接触的器械,建议进行黏膜刺激试验。这些研究通常使用浸提液而不是材料本身。一些常见程序包括阴道、颊囊和眼睛刺激研究。

致敏试验

致敏研究有助于确定材料中是否含有反复或长期暴露后引起局部或全身不良反应的化学物质——即过敏反应。致敏是一种迟发型超敏反应(免疫反应需要几天的时间才能发生),表现在多种临床并发症中。可以使用试验材料、试验材料本身的特定化学物质或试验材料的最常见浸提液进行确定致敏潜力的研究。豚鼠尤其适用于评价医疗器械、原材料或浸提液的潜在致敏性。

致敏试验,包括但不限于:

- ISO 10993 - 10/OECD 406/ASTM F - 720——豚鼠最大剂量试验;
- ISO 10993 - 10/OECD 406——小鼠局部淋巴结试验;
- ISO 10993 - 10/OECD 406——封闭贴敷试验(Beuhler)。

建议对与身体或体液有外部接入或内部接触的器械进行豚鼠最大剂量试验(Magnusson-Kligman 法)。在本研究中,将试验材料与完全弗氏佐剂(CFA)混合,以增强皮肤致敏反应。对豚鼠进行皮内处理,然后用材料浸提液进行皮肤(局部)处理。认为该方法是比其他方法更灵敏的试验。

小鼠局部淋巴结试验(LLNA)可定量测定致敏剂引起的淋巴细胞增加。如果一种分子作为皮肤致敏物,它将诱导表皮朗格汉斯细胞将变应原转运到引流淋巴结,进而引起 T 淋巴细胞增殖和分化。使用这种方法,用材料提取物对小鼠进行皮肤处理,然后对淋巴细胞进行体外分析。

封闭贴敷试验涉及局部应用的多种局部剂量,建议用于表面接触器械。

血液相容性试验

任何与血液或血液成分(直接或间接)接触的医疗器械或材料都需要进行血液相容性试验。实际上,很少有材料始终显示出良好的血液相容性,因为所有材料在某程度上都与血液不相容,因为它们可能破坏血细胞(溶血)或激活凝血途径(促凝性)和(或)补体系统。

ISO 10993-4 标准规定了对与血液接触的器械或组件进行的评价类别,并概述了需要进行试验的医疗器械类型。

ISO 10993-4 中概述的 5 类血液相容性试验为血栓形成、凝血、血小板、血液学和补体系统(免疫学)。除体内血栓形成试验是体内试验外,所有其他试验均为体外试验。

在促凝性(血栓形成)试验中,将测试样品植入动物的血管内。一段时间后,取出有植入物的血管,观察测试样品的血凝块形成情况。由于促凝性试验通常比较困难、有争议且昂贵,制造商应联系 FDA 选择适当的模型和试验方案。

其余 4 项试验在试管中进行,并评价具体作用:测试样品是否影响血液的凝血或凝固能力,是否调节免疫应答或是否损害血液的细胞组分。

建议对所有器械或器械材料进行溶血试验,仅接触完整皮肤或黏膜的器械或材料除外。本试验测量了红细胞直接接触材料或其浸提液时对红细胞的损伤,并将其与阳性和阴性对照进行比较。溶血试验是一种相当快速的试验,需要简单的设备,并提供易于解释的定量结果。可使用 ASTM F-756 材料的溶血特性评定的标准规程来测量溶血潜力。

凝血试验测量测试样品对人凝血时间的影响。建议将其用于与血液接触的所有器械。凝血酶原时间(PT)试验是检测外源性凝血途径凝血异常的常用筛查试验。部分凝血活酶时间(PTT)试验检测内源性途径中的凝血异常。

建议对接触循环血液的植入器械进行补体激活试验。该体外试验测量了人血浆暴露于测试样品或浸提液后的补体激活。补体激活的测量指标表明测试样品是否能够在人体中诱发补体诱发的炎性免疫反应。

进行血小板试验以观察血小板聚集并导致血凝块的程度。使用该方法,从暴露于完整材料的动物中采集血样。然后测定每立方毫米的血小板数量。

可能需要其他血液相容性试验(如红细胞稳定性、蛋白质吸收)和特定的体内研究来完成材料-血液相互作用的评估。

植入试验

执行植入试验以确定植入器械或材料的局部和（或）系统效应。在植入试验中，试验材料通过手术植入或置入试验动物的身体或适当组织内。选择用于植入的组织应是最适合测试样品的组织。如无法确定，建议进行肌肉植入试验。

植入研究应反映预期的临床用途以及与人体接触的预期时间（如短期或长期）。应进行多个时间点。对于永久性植入物，应至少短期 1～4 周，长期超过 12 周。在测试可吸收或生物可降解材料时，应特别考虑时间点的选择。应根据测试样品的降解速率选择这些时间点。

植入试验的示例包括：

- USP〈88〉/ISO 10993 - 6——肌内植入；
- ISO 10993 - 6——皮下植入；
- ASTM 标准 F763——短期筛选植入材料的标准实施规程；
- ASTM F981——外科植入物用生物材料与肌肉及骨骼用材料效应相容性的评定的标准规程。

致突变试验（遗传毒性）

遗传毒性试验评价了测试样品引起 DNA、基因和染色体损伤的能力，从而增加癌症或遗传缺陷的风险。遗传毒性试验通常在考虑致癌性或生殖毒性试验之前进行，因为致突变性和致癌性之间存在显著相关性，因此假定存在生殖毒性。大多数（若不是全部）致癌物是诱变剂，但并非所有诱变剂都是人类致癌物。

突变可能包括沿 DNA 链的点突变、DNA 整体结构损伤或染色体结构损伤（包含 DNA）。因此，应将材料引起点突变（基因突变）、染色体改变（畸变）或 DNA 损伤迹象的能力作为一系列或系列试验进行测试。可以使用试验材料浸提液或溶解材料进行试验。

长期和持久接触血液、骨、黏膜或组织的器械通常需要进行遗传毒性试验。单一试验无法检测出所有相关遗传毒性物质。因此，通常进行一组体外试验，在某些特定条件下还进行体内试验。

ISO 10993 - 3 建议使用至少 3 种试验评估遗传毒性。其中两项试验应使用哺乳动物细胞作为试验系统，试验应涵盖遗传毒性效应的三个水平：DNA 效应、基因突变和染色体畸变。可以使用试验材料浸提液或溶解材料进行试验。致突变性

(遗传毒性)试验包括：

- ISO 10993 - 3/OECD 471——Ames 细菌回复突变试验(Ames 致突变性试验)；
- ISO 10993 - 3/OECD 476——小鼠淋巴瘤试验；
- ISO 10993 - 3/OECD 473——染色体畸变试验；
- ISO 10993 - 3/OECD 487——细胞微核试验；和
- ISO 10993 - 3/OECD 474,475——骨髓微核试验(限度试验),骨髓染色体畸变试验或外周血 MN 试验。[①]

Ames 致突变试验是最常见的试验。本试验通过使用 5 株鼠伤寒沙门氏菌菌株检测点突变。当观察到回复突变细菌(逆转回野生型细菌的细菌)的生长试验结果为阳性。

小鼠淋巴瘤试验使用存在部分受损基因的突变小鼠癌细胞系。当该基因完全受损时,该突变细胞系能够在存在特定化学物质的情况下存活和复制。暴露于测试样品后,在该化学品中孵育细胞。如果检测到细胞活力增加,则表明该测试样品能够完全灭活或损伤基因。

染色体畸变试验通常使用来源于中国仓鼠卵巢的细胞(CHO 细胞)。这些细胞被鼓励进行有丝分裂或细胞分裂。然后将其暴露于测试样品和在有丝分裂中期停止有丝分裂的化学品。这是所有染色体可见的阶段。需要评价至少 200 个中期细胞的染色体的可见损伤。

小鼠微核试验是一种将小鼠暴露于测试样品或浸提液的体内试验。采集动物的骨髓或外周血,并评价是否存在微核。微核由染色体或染色体片段组成,提示染色体损伤。

补充测试

补充测试,包括生殖毒性测试以及致癌性研究和降解研究。这些都是长期试

---

① 译者注：ISO 10993 - 3 建议使用至少 2 种体内试验评估遗传毒性。试验组合包括：
  a) ISO 10993 - 3/OECD 471——Ames 细菌回复突变试验和以下任何一项；
  b) ISO 10993 - 3/OECD - 473——体外哺乳动物染色体损伤的细胞遗传评估试验,或
  c) ISO 10993 - 3/OECD - 490 476——体外小鼠淋巴瘤 tk 试验,或
  d) ISO 10993 - 3/OECD - 487 体外哺乳动物细胞微核试验。
  对于含有新材料的器械,应该考虑进行体内遗传毒性分析。但是,如果在极限浸提后,可提取物的数量及含量低于体内试验检测的阈值,则不需要进行测试。
  当需要进行体内检测时,建议选择以下方法之一：
  a) ISO 10993 - 3/OECD 474——啮齿动物体内微核试验；
  b) ISO 10993 - 3/OECD 475——骨髓染色体畸变；
  c) ISO 10993 - 3/OECD 474——外周血骨髓微核试验。

验，而且是相当昂贵的。

致癌性测试

致癌性试验用于确定在试验动物总寿命期内（例如，大鼠为 2 年，小鼠为 18 个月，犬为 7 年）单次或多次暴露于医疗器械、材料和（或）其浸提液的致瘤潜力。

器械的致癌性试验费用昂贵，只有当其他来源的数据提示有肿瘤诱导倾向时，制造商才应进行此类试验。应考虑进行致癌性试验的情况，包括：

1. 吸收时间大于 30 天的可吸收材料和器械，除非有关于毒代动力学或人类使用或暴露的重要和充分的数据；

2. 在哺乳动物细胞和体内遗传毒性试验中获得阳性结果的材料和器械；

3. 植入人体和（或）其腔体内材料和器械，永久或累积接触时间为 30 天或更长，除非有大量和充分的人体使用史。

致癌性试验，包括：

- ISO 10993 - 3——遗传毒性、致癌性和生殖毒性试验；
- OECD 451——致癌性研究；
- OECD 453——慢性毒性/致癌性联合研究。

生殖和发育毒性

生殖和发育毒性研究评价了医疗器械、材料和（或）其提取物对生殖功能、胚胎发育（致畸性）以及产前和产后早期发育的潜在影响。

生殖异常影响生殖能力轻微下降至完全不育。致畸性是指某种物质对发育中的胚胎和胎儿的不良影响。对后代的毒性作用影响死亡率和发病率。

以下医疗器械通常应考虑生殖毒性试验：

1. 宫内节育器（IUD），或可能与生殖组织或胚胎直接接触的任何其他长期接触器械；

2. 储能装置；

3. 可吸收或可沥滤材料和器械。

生殖和发育毒性试验，包括：

- ISO 10993 - 3——遗传毒性、致癌性和生殖毒性试验；
- OECD 414——致畸性；
- OECD 415——一代生殖毒性研究；

● OECD 421——生殖/发育毒性筛查试验。

生物降解

仔细考虑材料的预期或非预期降解的可能性对于评价医疗器械的生物安全性至关重要。根据 ISO 10993 - 9 附录 A，如果发生以下情况，应考虑降解研究：

1. 该器械被设计为生物可吸收；
2. 器械预期植入时间超过 30 天；
3. 材料系统的知情考虑表明在身体接触期间可能释放有毒物质。

生物降解试验是指人体吸收了多少产品或材料，并在吸收后跟踪产品或材料通过人体，以确定随时间推移的效应。降解产物可以以不同的方式产生，既可以是机械的，也可以是疲劳加载的，和(或)是由于与环境或其组合的相互作用而从医疗器械中释放出来的。降解产物的生物耐受性水平取决于其性质和浓度，应主要通过临床经验和重点研究进行评估。

生物降解试验包括：

● ISO 10993 - 9——潜在降解产物的定性和定量框架；
● ISO 10993 - 13——聚合物医疗器械降解产物的定性与定量；
● ISO 10993 - 14——陶瓷降解产物的定性与定量；
● ISO 10993 - 15——金属与合金降解产物的定性与定量；
● ISO 10993 - 16——降解产物与可沥滤物毒代动力学研究设计。

第十三章

设计转换

设计转换的重要性

设计转换阶段的目的是确保设计输出能充分、准确地转化为生产规范,以确保准确制造经批准的设计。设计转换涉及设计文档以及供应商、制造和检验过程等知识和信息的转移,以确保器械可靠地重复生产,同时保持器械的预期性能和安全。考虑到通常情况下需要传递的设计和过程的信息量,合理的设计转换流程至关重要,应尽早规划,以便更顺畅、更具成本和时间效益地实现转换。当你将设计规范转交给合同制造商时更需如此,因为此种情况下,出现沟通不畅的可能性更大。这些信息(如装配图、组件规范、制造程序、检验和试验程序等)的转换应该是一个精心策划的过程,因此产生的器械主文档(DMR)/医疗器械文件(MDF)的发布需要作为设计输出的一部分。

如果没有制造人员在设计和开发过程的早期参与,设计转换的效果往往比较糟糕。管理层可能会认为,制造人员在设计团队中的参与需要受到限制,或者更糟的是,根本不需要,因为制造人员根本没有时间。"当涉及制造时,如果有任何问题,我们会解决它们。"这通常被称为将设计"扔给"生产团队。请记住,标准要求确保设计是合适的,并且生产团队有能力在设计转换之前满足产品要求。实验室测试结果可能无法完全转换到大规模生产中。

你认为这种问题永远不会发生,对吗?但确实发生了。这里有两个真实发生在知名且受人尊敬的公司中的案例。第一个案例中,公司内部开发了一个器械,研发团队负责全部器械技术方面的开发。工艺工程师对制造过程进行了设计、调试和确认。该产品实际上是客户所需要的,所以它的成功是有保证的。第一条生产线在内部建成并通过了测试,确认也没有出现重大问题。这台器械设备被转移到了制造工厂。在为期3周的时间里,在对生产人员进行培训后,也生产出了符合规范的产品。在这整个3周的时间里,工艺工程师持续跟踪生产和产品。在每个人签字同意后,工艺工程师离开了。但在转换后的 1 个月内,一切都乱套了。某个关键的产品设计尺寸规范要求无法保持,然后制造部门便寻求能够放宽规范要求的批准。当最初的工艺工程师前往工厂现场时,这个突然无法保持规范要求的原因是显而易见的。为了提高效率并节省占地空间,制造工程师重新设计了生产设备。在此过程中,他们切断了机器的框架,并重新安排了组件。从那时起,变形的框架使它不可能保持产品尺寸规范要求。

在另一个案例中,制造过程由第三方设计和搭建。该生产线已安装并通过确认。每个人都乐见其成,但事实证明,一些制造人员不喜欢这台设备的设计,并认为他们有更好的想法。不出所料,设备开始出现运转异常。在运转过程中突然出现这种异常情况的原因是,工厂中有人断开了电路。搞破坏的人说,他们知道这台设备不好,希望在它出现故障时,他们有机会自己制造一台设备。

为什么会这样呢?原因其实很简单。制造人员从未参与其中,在他们看来,他们和产品没有任何关系。这是谁的错?答案其实也很简单,这是高层管理者的错。确保质量是他们的责任,组建团队也是高层管理者的责任。更重要的一点是,尽管这两个例子碰巧让制造业的人蒙上了一层阴影,但其他学科也可能而且确实会发生同样的情况。以制造业为例,是因为它们最常被忽略。

设计转换要求

设计转换要求需符合 21 CFR Part 820.30(h)和 ISO 13485:2016 标准第 7.3.8 节。这些要求包括以下内容:

- 编制将设计规范转化为生产规范的程序文件;
- 包括确保设计规范得到批准和验证的控制措施,确保在转换到生产之前,生产能力能够满足产品要求;
- 维护设计转换的结果和结论的记录。

如果你正在实施医疗器械单一审核项目(MDSAP),则设计转换要求也应符合以下法规要求:

- 巴西:RDC ANVISA No. 16 第 4.1.7、4.1.9 和 4.2 节;
- 日本:MHLW MO 169,第 6 和 30 条。

设计转换

设计和开发过程中的设计转换活动,是确保设计输出在成为最终生产规范之前,经过评审和验证是适合生产的。在整个设计完成之前,转换部分设计的情况并不少见。例如,一旦产品开发被冻结,并且验证活动已经圆满完成,设计规范可以转化为生产规范(如 DMR/MDF),这样就可以制造出首批产品来证明制造过程是有效且可重复(过程确认),并确认最终器械设计满足用户需求(设计确认)。这时是召开设计评审会议的好时机,以确保设计过程的所有方面都进行了充分和完整的评审,并查看风险分析是否已识别出任何新风险等。图 13-1 展示了一个设计转换过程的示例。

请记住,产品规范通常需要由书面文件组成,例如:

- 产品和装配图;
- 检验、试验规范和说明;
- 成品及物料规范;
- 制造说明;
- 培训教材;
- 工装图纸、制造夹具或模具。

设计转换检查表

如前所述,设计转换过程需要控制,并需要保持设计转换过程的记录。设计转换检查表是一个有用的工具,可确保所有必需的文件都准备好/已批准和(或)已经转换,如产品主文档(DMR)。设计转换检查表应与设计和开发计划中确定的活动相关的输出相对应。附录 I 提供了一个简单的设计转换检查表的示例,然后可以使用工程变更单将 DMR 正式转换到生产中。

设计放行

不要将设计转换和设计放行混为一谈。设计放行发生在当所有剩余文件被转换,从适当的监管机构收到上市许可[如 FDA510(k)批准、加拿大医疗器械许可证、欧洲 CE 技术文件等],器械唯一标识(UDI)已注册等,并对设计历史文件(DHF)进行了最终评审。那么产品可以开始生产,并可销售。在产品发布之前,通常要完成销售批准表,以记录所有项目团队成员和管理人员的确认,确认所有活动已完成且器械已准备好发布。附录 K 中提供了销售批准表单模板。此外,工程变更指令单(ECO)可用于将最终设计历史文件(DHF)和任何剩余的产品主文档(DMR)要素转换到文件控制处进行保存。

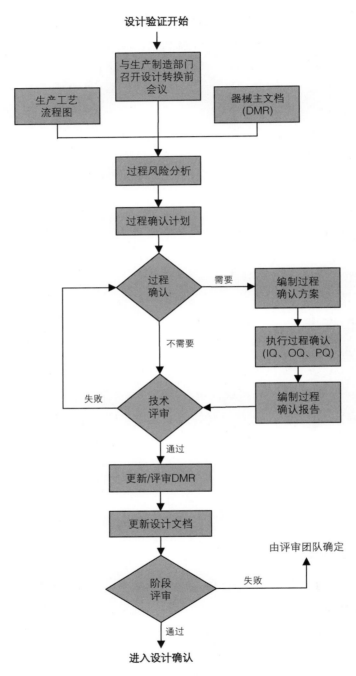

图 13 - 1　设计转换流程图

第十四章

设计变更

为何控制设计变更

为什么我们需要在设计和开发过程中控制变更？我们不是还在进行设计和开发吗？

设计变更控制是确保产品质量的又一种方式。任何曾经参与过医疗器械开发的人都知道，从医疗器械最初的概念到最终转换再到生产阶段并放行销售市场期间，会发生很多的变更。因此，我们必须清楚曾到过哪里，以及我们是如何且为什么到达我们现在的位置。

就像在设计转换过程中可能出现的缺陷一样，如果设计团队不能控制在设计转换过程中发生的变更，也可能会发生类似的事件。如果一个过分热心的设计工程师在不通知任何人的情况下决定变更一个尺寸，而更糟糕的是，没有记录这个变更，就可能会发生隐患。**记住设计控制的第一法则：记录一切！**

设计变更控制是一个良好的产品开发周期的基础，也是设计控制的基石。请记住，设计控制适用于器械的生命周期，因此，设计变更控制不会随着医疗器械从设计向生产阶段的转换而结束。事实上，设计变更控制部分与 FDA 第 820.70(b) 节——生产和工艺变更有关，并且是一种补充。图 14 - 1 描述了设计控制的循环特性。

设计变更举例

在上市前和上市后，均可进行设计变更，包括：

- 变更已批准的输入或输出，以纠正由设计验证和确认活动识别的设计缺陷；
- 由于可用性研究、新的法规要求、客户反馈、新的预期用途等而导致的标签或包装变更；

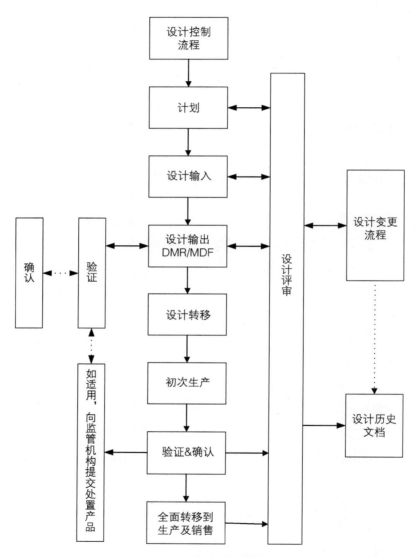

图 14 - 1　设计变更过程流程图

- 由于新的/改进的技术、材料的变化等原因,根据客户的要求进行变更以提高产品性能;
- 变更以提高制造或检验/试验过程的性能;
- 上市后信息的变更——如客户投诉、服务/维修数据、制造不符合项数据、来自客户的要求、临床评价等。

设计变更要求

设计变更要求属于 FDA 质量体系法规(QSR)第 820.30(i)部分和 ISO 13485: 2016 第 4.1.4 节和 7.3.9 节的要求。如果你正在实施医疗器械单一审核项目 (MDSAP),则设计变更要求也应符合以下法规要求:

- 澳大利亚:TG (MD)R Reg 3.5,Sch 3,P1,1.1(e),1.5
- 巴西:RDC ANVISA 第 16 条,第 4.1.10 节,第 5.6 节,9.360 号法律第 13 条
- 加拿大:CMDR 34,43
- 日本:MHLW MO 169,第 2 章,第 36 条

注意:即使公司没有完成任何设计项目,也无论是否有任何正在进行或计划的设计项目或变更,公司都需要保持一份明确定义且文件化的设计变更程序。更重要的是,如果您的初始产品设计是在实施/执行设计控制要求之前发布的,那么自实施要求以后对医疗器械所做的任何变更都需要符合设计变更要求。

设计变更程序

在设计和开发过程中,设计验证和确认活动几乎不可避免地会发现偏差,这可能会导致设计输入需求的变更。但是,一旦你批准了初始设计输入,如设计输入文档(DID),就需要对医疗器械的设计进行的任何变更都得进行控制,并且需要在程序中定义并记录进行这些变更的方法。

变更控制程序需要描述如何识别、记录、验证、确认、评审和批准的变更。**请记住,所有的设计变更都需要进行验证。**设计变更也须确认,除非进行的验证被证明性能是合理的,并已经有书面记录。例如,医疗器械的预期用途的变更将需要进行验证和确认;但是,如果器械材料的变更可以通过测试或分析进行验证,那么验证可能就足够了。在实施之前,还必须对变更进行评审、批准、验证和确认。

设计变更评价

需要对设计变更进行评估,以确定其重要性和需要采取的行动。所需的变更控制程度将取决于变更对医疗器械及其预期用途的功能、性能、可用性、安全性以及适用法规要求的影响程度。"重大"或"实质性"设计变更的概念在监管当局之间是相对一致的。以下定义摘自加拿大卫生部。

重大变更＝可以合理地预期会影响医疗器械的安全性或有效性的变更。它包括对以下任何一种情况的变更:

- 制造过程、设施或设备;
- 生产质量控制程序,包括用于控制医疗器械或其制造材料的质量、纯度和无菌性的方法、试验或程序;
- 医疗器械的设计,包括其性能特性、工作原理、材料、能源、软件或附件的规范;
- 医疗器械的预期用途,包括任何新的或扩展的用途,器械禁忌症的任何添加或删除,以及有效期期限的任何变更。

当有影响医疗器械分类或注册要求的重大变更时,应通知有销售器械的目标市场所在的监管机构。例如:

- 对于批准或批准后做出的重大变更,FDA 要求提交上市前通知(即 510k)或上市前批准(即 PMA)的补充,若适用。
- 加拿大 CMDR 第 34 条规定,Ⅲ 或 Ⅳ 类医疗器械的重大变更或 Ⅱ 类医疗器械的预期用途变更需提交许可变更申请。

FDA 和加拿大卫生部都有指导文件,以帮助制造商确定一个变化是否重大。这两个指导文件非常相似,包括流程图,以指导确定标签、技术或性能规范、制造过程和程序以及材料的变更是否需要通知。例如:

- 一个重大的标签变更将包括使用适应证的改变。
- 性能规范、甚至包装或无菌的变更可能代表了一个重大变更。
- 材料类型、材料配方或材料供应商的变更可能代表了一个重大变更——例如,材料类型的变化可能会影响医疗器械的硬度或疲劳性能。

重大变更也应通知公告机构和(或)授权代表,如欧盟授权代表、日本市场授权持有人(MAH)、巴西授权代表、澳大利亚代理人等,若适用。

还需要对设计变更进行评估,以确定该变更对处于生产过程中或已经交付的组成部件和产品以及对产品实现过程的影响。此外,对变更或一系列小/次要变更的评审可能需要对风险评估进行变更。

　　由于在医疗器械的发展过程中可能发生许多变更（即设计转换到生产后），每个变更应单独评估，也应与其他变更一起评估，以确定是个别变更还是所有项目的变更，是否会影响医疗器械的安全性或有效性和（或）要求向监管提交/通知［即医疗器械许可修正案、510（K）、PMA 补充等］和（或）启动一个新的设计控制项目。

　　需要保持变更、变更评审和任何必要的措施的记录。

记录设计变更

　　在设计和开发过程中实施的变更控制程序，在医疗器械设计转换到生产阶段后使用的变更控制程序不同，这是很常见的。简单的设计变更表格可能是所有必要的前置活动。附录 J 提供了一份简单的上市前设计变更单的示例。

　　如前所述，上市后的设计变更要求重新回到设计控制过程，在多数情况下，可以认为是迷你设计控制项目。因此，通常使用更复杂的变更控制表单来记录上市后的变更。此表单通常被称为工程变更指令单（ECO）或工程变更通知单（ECN）。附录 L 提供了上市后设计变更表单的参考示例。该表单要求变更的评审人员考虑变更的风险和影响，并在最终评审和批准及实施之前确定所需的任务和验证及确认活动。

　　通常，设计转换前的文件变更都是临时修订（如临时版本 1、2、3 或版本 A、B、C 等）。一旦设计文件被转换到制造过程进行验证和确认，变更可指定为版本 1、2、3 等。

第十五章

设计历史文件(DHF)

为何我们需要设计历史文件(DHF)

本质上,设计控制要求每个部分都要求有信息记录。因此,设计历史文件(DHF)提供的是一份符合设计控制要求的记录或证据。

什么是设计历史文件(DHF)

美国食品药品监督管理局(FDA)将设计历史文件(DHF)定义为"一份描述成品器械设计历史的记录汇编"[21 CFR Part 820.3(e)]。

设计历史文件(DHF)要求

设计历史文件的要求被归入质量体系法规的第 820.30(j)节和 ISO 13485:2016 的 7.3.10 章节。

制造商基于设计控制要求开发的每个型号的器械或者器械族的设计历史文件都需要维护。其内容应该包含以用来证明设计是根据批准的设计计划和设计控制要求开发的,包括制造商建立的设计控制程序的必要记录。

注意:并没有强制要求所有设计历史文件保存在一个单独的地点。法规中没有设计历史文件的保存地点或组织的相关要求。其目的在于当需要时,你可以有权获取这些信息。对于相对简单的设计,整个设计历史文件可能被装订在一个文件夹里。对于较大的设计项目,可能需要某些类型的指示文档来保存这些文件。

如果你正在实施医疗器械单一审核项目(MDSAP),设计历史文件的要求也需符合如下法规:

- 巴西:RDC ANVISA No. 16 章第 2.4,4.1.11 节

● 日本：MHLW MO 169,第 2 章,第 30～36 条。

设计历史文件(DHF)要素

设计历史文件的要素见图 15‑1,其包括：

● 设计开发计划；

● 设计输入文件(DID),包括用户需求；

● 设计输出,包括标签；

● 风险管理文件,覆盖产品设计、过程、系统和软件；

● 人因工程及可用性工程记录；

● 设计评审记录；

● 验证方法和结果；

● 确认方案和结果；

● 临床数据综述,和(或)临床评价报告；

● 输入/输出追溯矩阵；

● 正式生产前设计变更控制记录；

● 设计转换记录；

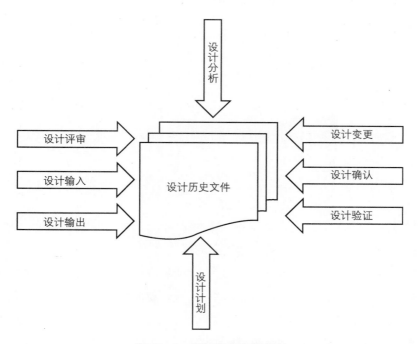

图 15‑1　设计历史文件要素

- 产品构建和测试记录；

- 初始器械主文档(DMR)和(或)索引；

- 监管机构的批准。

器械主文档(DMR)中的很多文件直接来自设计和开发活动的设计输出。其余的要素或文件将在使用设计输出数据和信息中创建。例如,成品器械测试方法和数据收集表格可能来自设计验证方案。

ISO 13485：2016 标准中把器械主文档(DMR)称作医疗器械文档(DMF),其相关要求包括在 4.2.3 章节中。

器械主文档(DMR)/医疗器械文档(DMF)包含生产医疗器械所需的文件。因此,它包括或涉及以下文件：

- 器械的一般描述和预期用途；

- 器械规范,包括图纸、组成、配方、组件规范以及软件规范；

- 生产工艺规范,包括设备规范、生产方法、程序以及环境规范；

- 质量保证程序和规范,包括接收准则及监视和测量设备；

- 包装、标签规范和程序,包括器械标签和使用说明书；

- 储存、搬运和分销的规范和程序；

- 安装、维护以及服务方法和程序。

不要混淆设计历史文件(DHF)和器械主文档(DMR)或器械历史记录(DHR)。其区别见图 15 - 2。

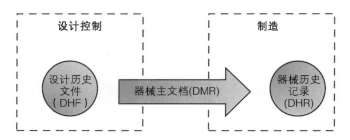

图 15 - 2 设计历史文件(DHF)、器械主文档(DMR)和器械历史记录(DHR)三者的区别

- 设计历史文件(DHF)是记录器械如何设计的文件,包括符合器械设计规范的验证和符合用户需求及预期用途的确认。

- 器械主文档(DMR)是记录如何生产器械的文档(如配方),包括器械如何装配、生产设备如何设定、器械如何检查、器械如何包装、安装和维护等。

- 器械历史记录(DHR)是记录如何制造出成品器械的文件(例如,包括检验、测试结果以及标签的完整的批次记录)。

第十六章

FDA 检查技术

不好！FDA 检查员来了

因此，你将被检查或审核是否符合设计控制要求。你的期望是什么呢？首先，如果你已经做的所有事是正确的，那就没有什么好担心的。检查或 ISO 审核迟早会发生。如果所有事情正在有条不紊地运行，你遵守了符合要求而付诸实施的系统来做事，你应该没问题。

图 16-1 描述了 FDA 质量体系检查指南（QSIT）中关于检查设计控制要求的流程图。

FDA 设计控制子系统检查的主要目的是评估制造商用来执行设计控制要求而建立的流程、方法和程序。尽管这张图标概述了 FDA 用来审核设计控制要求的方法，它也很适用于 ISO 9001 或 ISO 13485 的合规性审核。

除了以上提及的材料，一些问题在检查或审核中也可能被提及，这包括但不限于以下内容：

设计控制总要求

- 一个设计项目起点是什么？
- 实际的设计开发（如设计控制）何时开始？

设计和开发策划

- 如何识别/记录每个设计和开发活动？
- 职责是如何定义的？
- 所有的设计和开发活动是否分配给了胜任的人员？
- 计划是否随着设计的推进而更新？

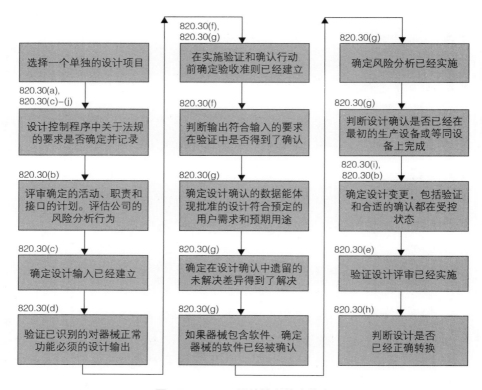

图 16-1   FDA 设计控制检查技术

- 是否识别了输入设计过程中不同团队之间的组织和技术接口？
- 是否有不同部门数据交换的文件记录、传送以及评审程序？

设计输入

- 设计输入是否包括了客户要求？
- 设计输入是否包括了计划进入目标市场国家的适用法律法规要求？
- 设计输入是否满足预期用途，包括用户和患者的需求？
- 设计输入是否经过评审和批准？
- 公司是否有程序或方法来处理各种不完整的、模棱两可的要求？

设计输出

- 设计输出是否文件化，并做到了可按设计输入要求进行验证和确认的术语
  进行表达？
- 是否有成文的方法可将设计输入追溯到设计输出？
- 设计输出是否得到批准？

- 设计输出是否存档？
- 是否能提供最终设计符合输入要求的证据？
- 是否识别或参考的接受标准？
- 是否识别了对产品的安全和正常运行的关键设计特性（如运行、搬运、维护、存储和处置要求）？

设计评审

- 在什么阶段进行正式的文件化评审？
- 设计评审是否包括了与设计阶段有关的所有职能部门的代表，以及独立于设计阶段的个人？
- 是否保留了设计评审记录？多长时间？
- 记录是否包括参加评审人员、日期、设计评审？
- 进行设计评审（若适用）：
- 客户需求与材料、产品和工艺技术规范之间的比较？
- 通过原型测试确认设计了吗？
- 考虑了意外使用和误使用了吗？
- 安全性和环境兼容性？
- 符合法规要求，国内和国际标准，以及公司要求吗？
- 与类似设计进行比较，特别是分析内部和外部问题历史，以避免重复问题？
- 允许的公差和过程能力做过比较吗？
- 有产品验收/拒收标准吗？
- 设计的可制造性，包括特殊过程需求、机械化、自动化、装配、以及组件的安装？
- 检查和测试设计的能力，包括特殊检查和测试要求？
- 材料、组件和预装件的规范，包括是否来自批准的供应商？
- 包装、搬运、存储和货架寿命（保质期）的要求？
- 进货和出货的安全因素？
- 如何识别和处理评审过程中的问题或行动项目？

设计验证

- 验证活动是否有明确的方法、日期和明确的人员？
- 执行了哪些类型的设计验证活动？
- 设计验证记录是否作为设计历史文件（DHF）的一个部分来维护？

- 是否有替代的计算方式来验证原始计算和分析的正确性(如风险评估，AMPE 等)?
- 是否进行过实验?
- 是否有测试和演示(模型或原型测试)?
- 是否与已证实的类似设计进行比较?
- 如果输出≠输入，差异如何解决?

设计确认

- 设计确认采用了哪些方法?
- 前三个生产批次是否在实际的或者模拟使用条件下进行测试?
- 如果设计确认是在非生产批器械上完成的，如何确保这些器械等同于生产批的器械?
- 如何处理未解决的差异?
- 如果器械含有软件，软件是如何确认的?

设计转换

- 设计规范是如何转换为生产规范的?

设计变更

- 产品设计变更什么时候开始受到设计控制?
- 设计变更是如何控制的?
- 所有的设计变更在实施前是否被授权人员识别、记录、评审和批准?
- 所有的设计变更在实施前是否被验证和(或)确认有效?
- 所有的设计变更是否在文件控制下进行?
- 设计变更是如何追溯到最初的设计项目的?

设计历史文件(DHF)

- 你的设计历史文件包括哪些?
- 设计历史文件需要维护多长时间?
- 上市后设计变更如何对设计历史文件(DHF)控制? 例如，它们是否与原始的设计历史文件(DHF)关联?

附录 A：设计控制程序

QARA 合规文件 标准操作程序			
设计控制程序			
SOP 编号：	版本：01	生效日期：	第 1 页/共 19 页
本文件所包含的信息是专有的、机密的，应以防止外界披露的方式予以维护。			

1.0 目的

本程序规定了用于控制医疗器械设计和开发的方法，以满足法规对设计控制的要求和规范。

启动设计控制项目的需求可能来源于多种原因，如新器械的识别、满足客户要求或客户问题的市场需求、为客户或公司节约成本、过程改进的潜力、对现有器械安全或有效性有重大影响的变更或改进，或由外部环境引起的变更。

对现有器械的单个变更是否需要启动一个新的设计控制项目还是启动一个工程变更指令单（ECO），取决于变更的重要性。FDA 的 510（k）器械修改文件《决定何时为现有器械的变更提交 510（k）》，可用于协助此决策过程。质量体系还应考虑对现有器械的累积变更（ECOs），以确定原始器械是否发生了重大变更，并是否需要启动新的设计控制项目。

在所有情况下，设计控制和变更控制过程都应在受控条件下进行。

2.0 范围/职责

本程序适用于所有由 XXX 公司开发，以 XXX 公司名义生产，需要满足设计控

设计控制程序			
SOP 编号:	版本: 01	生效日期:	第 2 页/共 19 页

制要求的产品。落实设计和开发受控的责任适用于新器械的设计开发,也适用于对现有器械的重大的重新设计。

管理层有责任遵守本程序的要求,并负责分配资源和合格且有能力执行所分配任务的项目组成员,即确保项目组考虑包含了与在研发产品相关的所有专业知识和经验。管理层还负责制定与项目可行性及器械发布上市的相关决策。

项目负责人负责协调设计控制项目的各个方面,确保所开发中的器械满足本程序的所有要求。

项目组的成员作为部门联络人负责支持项目各种需求。项目组成员应向设计和开发过程提供适当的输入,并参与设计文件的评审和批准。项目组的职责可能包括但不限于以下相关任务/职责:

- **工程师**通常负责管理设计和开发过程。工程师应确保设计在技术上是可行的,并负责设计开发、设计验证和设计确认,以确保器械满足设计规范和用户需求。

- **采购**负责参与供应商的资格认可和批准,确保由工程师确定的材料和组件的安全供应。

- **市场/销售**负责确保器械标签符合器械拟营销国家的监管要求(如正确的内容和大小、定位和外观、正确的符号、适当的商标、版本等),并且有文档支持在器械标签中的任何声明。市场/销售也可能负责进行人因工程研究/用户评估。

- **生产/工艺**负责确保器械的制造符合文件化的程序/要求。

- **质量保证**负责确保采购的零部件符合适用的规范,制造的器械符合公司的质量和性能标准,并按照公司的政策和程序进行,并遵守适用的标准和法规的规定进行活动,如 21 CFR 820, ISO 13485。质量部门通常控制和分发工程变更指令单(ECO),并确保整个变更是完整的,如文件已完成,并已由项目小组评审和批准。质量部门负责控制和保存医疗器械的设计历史文件(DHF)。

- **法规事务(RA)**负责确保器械符合销售到国家的法规要求,并创建和维护适当的文件以支持器械的符合性声明,如器械主文档(DMR)、技术文件、产品标准书等。

设计控制程序			
SOP 编号：	版本：01	生效日期：	第 3 页/共 19 页

3.0　参考文件

F－030－PIR	项目初始要求申请表
F－030－PA	项目批准表
F－030－DID	设计输入文件
F－030－DTM	设计输入/输出追溯矩阵
F－030－DC	设计变更表
F－030－DRM	设计阶段评审会议记录
F－030－DT	设计转换检查表
F－030－AFS	销售批准表
QM	质量手册
SOP	文件和数据控制程序
SOP	记录控制程序
SOP	医疗器械标签控制程序
SOP	风险管理控制程序
SOP	工程变更控制程序
SOP	技术文件控制程序
SOP	器械主文档（DMR）控制程序
SOP	产品/过程确认控制程序
SOP	临床评估控制程序
SOP	上市后监督控制程序
	项目计划

FDA 510(k)器械修改文件《决定何时为现有器械的变更提交 510(k)》

4.0　定义

- **设计控制项目**：为了引入一种新器械或新工艺，或对现有器械或工艺进行变更，从而可能需要再次开发该产品或工艺的自我约束的工作程序。

设计控制程序			
SOP 编号：	版本：01	生效日期：	第 4 页/共 19 页

- **设计历史文档(DHF)**：包含产品设计过程完整历史的文档，该文档提供设计控制的历史可追溯性。该文档包含或索引输入、输出、设计变更、验证、确认的文件，以及指示设计转换和批准销售的设计评审。
- **设计输入**：作为器械设计基础的器械的物理和性能要求。设计输入的来源必须包括已定义的安全和性能标准的相关法规(如安全和性能基本原则)，并确定那些对设计的适当功能至关重要/关键的输入，以及满足预期用途和用户需要所必需的输入。
  - ➢ **功能规范**：指所设计的器械及其组件的总体性能特征和器械要求。这些值代表器械特定的性能期望。功能规范包括预期用途、用户/医生需求、环境要求、安全特性和市场特性等因素。这些关键需求是在设计和开发过程的开始阶段定义的。它们是通过多种来源信息(如市场研究、咨询顾问、文献综述、监管机构和内部专家)的检查和记录定义的。
- **设计输出**：每个设计阶段和总设计工作结束时的设计成果。输出可能包括实际器械本身或一个组件、图纸/规范、文件化的程序、和(或)包装/标签。最终的设计输出成为器械主文档(DMR)的基础。设计输出还包括为验证和确认设计输入而开发的方法。
- **设计评审**：对设计进行正式的文件化记录的评审，以评估设计要求的适当性以及设计满足这些要求的能力，并识别问题。这些评审由项目组在器械开发的适当阶段安排和执行。每次设计评审都包括与被评审的设计阶段相关的项目组成员或代表，以及一个不直接负责与被评审的设计阶段相关的任何任务的客观的成员。必要时，还应该包括专家参与。
- **设计确认**：为确认设计本身满足用户需求和预期用途而进行的必要的文件化记录的测试和分析。确认工作在成功验证之后进行。确认活动的例子包括过程确认、风险分析、体内安全性/有效性研究、临床试验和评估。设计确认应在规定的操作条件下使用首次生产产品、批次或等同品。
- **设计验证**：为确保设计输出满足设计输入要求而进行的必要的文件化记录的测试和分析。设计验证可以对代表最终器械设计的初次生产产品进行，实质上相当于正式生产的产品。验证活动包括但不限于：目视检查和测量、实验室性能测试、体内性能测试、生物相容性分析等。设计验证应确保

设计控制程序			
SOP 编号：	版本：01	生效日期：	第 5 页/共 19 页

每项设计输出被证明是满足设计输入要求的。

- **设计阶段**：一个设计控制项目可能有多达 7 个或更多的阶段和 5 个或更多的正式设计评审会议。阶段和设计评审的数量取决于项目的复杂性，并由项目组决定。设计阶段可细分如下几个：

  ➤ **设计概念阶段**：设计和开发的最早阶段，包括初步设想的器械，并对此进行初步研究，以确定一个想法是否有价值。此阶段先于设计控制，不受变更控制策略的限制。

  ➤ **设计可行性阶段**：如果公司决定在概念阶段之后继续进行器械的设计，则启动可行性阶段。设计可行性活动是用来收集信息和数据来评估证明设计概念，并提供对市场和竞争情况、客户需求和对器械的期望的全面了解。同样，这个阶段先于设计控制和正式变更控制，然而，设计的演变应该有记录等，并且是可追溯的。

  ➤ **设计输入阶段**：如果公司认为这是一款可行的能够满足基本的市场和性能要求的器械，则启动设计输入阶段。这一阶段旨在正式定义并记录项目的设计输入，将输入转换为可验证的要求，并建立器械开发的项目计划。设计输入阶段开启了正式的设计控制活动，在设计输入得到正式批准后，应对器械设计的变更进行控制。

  ➤ **设计和开发阶段**：设计和开发阶段的目的是开发满足设计输入要求所需的器械设计和制造过程（即输出）。在这个阶段，可以探索各种设计方案（如材料、结构等）、原型制作和测试(实验室测试、临床前试验等)，以及工艺的确定等。这一阶段的活动最终导致产品的正式设计定型，并将输出转换到初次生产产品以进行验证和确认。

  ➤ **设计验证阶段**：该阶段包括验证最终设计是否满足了设计输入的要求。设计验证可以通过多种方法完成，包括：设计评审、模拟使用条件下的检验/测试，即体内测试、生物相容性测试、包装完整性测试、风险分析、与类似设计的比较、测试和演示等。在规定的操作条件下，使用初始生产批次或其等同产品进行设计验证。

  ➤ **设计确认阶段**：该阶段的目的是证明产品的可制造性，确认制造过程，并确认最终的器械设计符合用户定义的需求。设计确认是在规定的生产条

设计控制程序			
SOP 编号：	版本：01	生效日期：	第 6 页/共 19 页

件下使用初始生产批次或其同等产品进行的。设计确认可能包括：稳定性研究、过程/产品确认、临床评价、临床研究、文献研究回顾、运输试验、标签评审等。这个阶段还包括对所有设计和开发活动的评审，最终的风险分析，以及确认所有过程确认和相关的培训已经完成。

> **器械发布阶段：** 该阶段确保器械设计已经准确地转换到生产和确保所有项目组成员和高级管理层同意确认结果的适用性和相关性，所有文件和数据必须准备好，确保用于销售的器械发布。

- **临床数据：** 器械使用时产生的安全性和(或)性能信息。临床数据来源于：

> 相关器械的临床研究；

> 在科学文献中报道的可证明的实质等同器械的临床研究或其他研究；

> 在同行评审的科学文献中发表的和(或)未发表的该器械或可证明的实质等同器械的其他临床经验的报告；或

> 来自上市后监督的临床相关信息，特别是上市后的临床随访。

- **临床评估：** 一个系统的、有计划的过程，持续生成、收集、评估和分析与医疗器械相关的临床数据，以证明器械的安全性和性能，包括制造商预期的器械使用时的临床受益。

- **临床调查：** 为评估医疗器械的安全性和(或)性能而对一个或多个人体对象进行的任何系统性调查或研究。

- **人因工程确认**(如市场评估)：在器械开发过程结束时进行的一项研究或测试，以评估用户与器械用户界面的交互；评估器械的物理和化学特性；和(或)识别可能对患者或使用者造成严重伤害的使用错误。人因工程确认测试也被用来评估风险管理措施的有效性。

- **上市后监督(PMS)：** 在医疗器械上市后持续监测其安全性和(或)使用性能的评价(即临床数据)，以确定是否需要启动任何必要的纠正或预防措施。

　　上市后监督用于识别以前未识别的危险，重新评估由已知危险引起的风险的可接受性，并提供可能使最初的风险评估无效的信息。

　　上市后监督提供质量问题的早期预警，并为纠正和预防措施活动提供输入。

- **可用性：** 用户接口特性，决定用户使用的有效性、效率、易用性和用户满意度。

设计控制程序			
SOP 编号：	版本：01	生效日期：	第 7 页/共 19 页

- **用户接口**：用户与医疗器械交互的所有方式，包括与用户交互的器械的所有要素（即，用户看到、听到、触摸的器械部分）。器械传输的所有信息源（包括包装、标签）、培训，以及所有物理控制和显示要素（包括警报、每个器械组件和整个用户接口系统的操作逻辑）。

5.0 程序

5.1 概念设计阶段

设计控制项目的启动要求可能来自多种原因和多种来源。例如，初步的市场调研或公司的战略方向表明需要新产品；历史产品回顾能够识别满足客户/设计问题的需求；为客户或公司节省成本是必要的；存在过程改进的潜在可能；或外部环境造成的改变，如 FDA、竞争对手等。

提出任何的产品、技术或想法都可能进行一些初步的研究，以确定总体的可行性，并确定最初的产品需求和潜在的输入，即概念设计阶段。这可能包括市场调研、商业计划目标、竞争产品规范等。

5.2 设计可行性阶段

如果一个想法看起来是有价值的，应根据概念设计阶段收集的信息生成项目初始要求（PIR）申请表，以记录初步的器械需求。通常由市场营销负责发起 PIR。PIR 申请表应包括对建议器械的描述，并确定其预期用途、初步客户/用户需求和要求、患者群体和使用环境、预期市场和竞争对手、器械的基本特征和要求（如物理和功能属性、兼容性要求）、基本声明、包装要求、临床考虑/要求以及产品成本/财务机会。

注意：应区分理想的属性和基本的要求。

管理层可以指派一名项目负责人，负责管理整个可行性阶段的设计项目。或者，管理层可以选择终止开发，在这种情况下不需要采取进一步的行动。

项目负责人也可以根据项目初始要求（PIR）申请表制定设计和开发计划/进度表，以协助管理项目的可行性阶段。

必要时，在可行性阶段，管理层应参与支持可行性任务/活动，和（或）提供额外的输入和要求，如法规、环境、性能、标签等。

设计控制程序			
SOP 编号：	版本：01	生效日期：	第 8 页/共 19 页

设计可行性活动可能包括用于市场评估和产品定位的原型开发、工程评估/实验室测试、法规初步评审/策略、临床计划/策略以及专利搜索，以评估专利屏障和任何影响器械的要求和(或)开发方法。

一旦可行性工作完成，将可行性结果提交给管理层。如果管理层认为存在制造能够满足市场和基本性能要求的可行性器械的潜力，则项目进入设计输入阶段。

5.3 设计输入阶段

5.3.1 项目批准

如果管理层认为存在制造能够满足基本市场和基本性能要求的可行性器械的潜力，应正式提名项目负责人和项目组，并将其记录在项目批准表上。还应确定一名独立的团队成员。

管理团队的批准应记录在项目批准表上，并表明批准进入设计输入阶段。

项目负责人负责启动项目文件(例如 DHF)。DHF 应随着设计和开发过程的进展而更新，并按照记录控制程序进行保存。

5.3.2 *产品性能要求*

在设计输入阶段，可能会进行其他评估，以收集用来定义产品功能、性能和接口要求以及安全、法规和临床要求所需的额外输入。例如：

- 自愿和协调标准的评审；
- 可用性/人因工程的评估；
- 文献综述；
- 监管和法规评审；
- 类似或竞争对手器械的上市后生产数据或经验回顾评审；
- 风险管理计划。

项目负责人应将任何必要的设计输入活动记录在设计和开发计划/进度表上，并指派人员负责执行。

在完成设计输入活动后，项目负责人应在项目组所有成员的协助下，启动设计输入文件(DID)，以定义并记录合并后的产品需求(即，可行性阶段的市场营销和基本性能要求/特征，以及在设计输入阶段进行的其他评估的额外输入)，并确定其来源。

设计控制程序			
SOP 编号：	版本：01	生效日期：	第 9 页/共 19 页

注意：应在设计输入文件(DID)上区分理想的属性和基本的市场、安全及性能要求。如果某些规定对某一市场(如欧盟、加拿大、澳大利亚、日本、巴西等)是独特的，则应在设计输入文件(DID)的适当部分通过输入参考的来源进行说明。

设计输入文件(即 DID)应考虑但不限于下列内容：

性能特性：用户要求

- 预期用途；
- 适应证；
- 用户/患者限制和(或)禁忌症；
- 临床使用程序；
- 相关设置/使用环境；
- 所需的医学专业/培训；
- 患者人群纳入/排除标准；
- 用户接口/人体工程学方面的考虑。

产品特性：产品要求

- 物理特性/要求；
- 性能要求；
- 安全性和可靠性要求；
- 生物学特性；
- 化学特性；
- 环境特性；
- 灭菌和无菌屏障要求；
- 一次性使用或可重复使用；
- 与附件/辅助器械/药品/气体的兼容性；
- 与预期使用环境的兼容性；
- 校准或维护要求；
- 包装要求；
- 清洁、消毒和维护要求；
- 安装和(或)服务要求；
- 软件要求。

设计控制程序			
SOP 编号：	版本：01	生效日期：	第 10 页/共 19 页

市场需求

- 客户需求/要求；

- 关键市场/市场组合；

- 目标市场/国家；

- 竞争对手；

- 期望/基本特征；

- 期望的/必要的促销和性能要求；

- 注册和专利、商标和许可协议；

- 分销商协议。

法规要求

- 器械分类；

- 市场审批要求；

- 相关的法律和法规要求；

- 相关的自愿或协调标准；

- 标签要求；

- 授权代表的要求/协议。

其他

- 临床要求；

- 外包要求；

- 医疗报销；

- 资本要求。

5.3.3　设计规范

项目负责人应与工程师合作,将产品要求转化为可验证的和(或)定量的要求。将产品需求转化为具体的设计输入的工程过程产生了设计规范。由此产生的最终的设计输入应记录在设计输入文件(DID)的"设计规范"栏下。

设计输入文件(DID)旨在提供一种将产品要求与设计规范进行交叉参照的方法,并记录/追踪设计输入的来源。项目组应在设计输入阶段评审会议上对设计输入文件(DID)进行评审。任何变更均应在设计阶段评审会议上做记录,使用设计变更表对设计输入文件(DID)进行修订、批准和控制。

设计控制程序			
SOP 编号：	版本：01	生效日期：	第 11 页/共 19 页

设计输入文件(DID)是一份受版本控制的文件,在设计和开发期间对设计输入所做的任何更改,均需使用设计变更表对设计输入文件(DID)进行升版。设计输入文件(DID)应作为 DHF 文件的一个要素进行维护。

5.3.4 风险/危险分析

在确定设计输入后,应根据风险管理计划对设计进行初步风险分析,以评估与产品使用相关的潜在风险和伤害。如适用,风险分析的输出将作为输入添加到设计输入文档(DID)中。应制定风险控制措施(即输出)以处理这些输入,并应在设计验证期间评估其可接受性,在设计确认期间确认其有效性。风险分析应作为设计输入阶段评审会议的一部分,由项目组所有成员进行评审和批准。

风险分析应在随后的每次正式设计评审会议上进行评审,并根据需要进行修订、批准,并使用设计变更表在整个设计和开发过程中进行控制。风险分析是一份受版本控制的文件,应作为设计历史文档(DHF)的组成部分进行维护。

5.3.5 设计输入/输出追溯矩阵

项目负责人应启动设计输入/输出追溯矩阵(DTM),并记录设计输入文件(DID)中的设计输入。项目负责人将与项目组成员一起确定与每个设计输入相关的预期输出。各设计输入的设计输出应记录在输入/输出追溯矩阵(DTM)上。

输入/输出追溯矩阵(DTM)应在设计输入阶段评审会议上评审。任何变更均应记录在设计阶段评审会议记录上,并使用设计变更表对设计追溯矩阵(DTM)进行修订、批准和控制。

设计追溯矩阵(DTM)应在整个设计和开发过程中持续进行审核和更新,以记录对设计输入和(或)设计输出、后续验证和确认输出和结果的任何更改或补充。设计追溯矩阵(DTM)是一份受版本控制的文件,应作为设计历史文档(DHF)的组成部分进行维护。

5.3.6 设计和开发计划(项目计划)

设计追溯矩阵(DTM)完成后,项目负责人或指定人员,需要时参考项目组成员的意见,制定项目计划(或根据可行性阶段计划更新为项目计划)。项目计划应记录设计和开发各个阶段;与每个设计阶段相关的项目任务/活动;项目组成员/部门的职责、能力和相互关系;主要里程碑/正式的设计评审会议以及风险分析。项目计划应尽量切合实际。根据项目/设计的复杂程度,实施规划的细节可能有所不

设计控制程序			
SOP 编号:	版本:01	生效日期:	第 12 页/共 19 页

同。项目计划可以是一份文件,也可以是一系列文件(如项目计划、项目进度表、验证/确认计划、营销计划等)。

项目计划的目的是随着设计在开发阶段的进展来管理设计和开发过程。在设计和开发的这个阶段,项目计划在范围和细节方面可能很广泛,但它至少应该包括开发产品所需的主要任务,包括验证和确认任务。随着开发的进展,应该更新项目计划以包括所需的细节。

项目计划应作为设计输入阶段评审会议的一部分,应得到项目组所有成员的批准。初始项目计划的批准应记录在设计阶段评审会议记录上。项目计划应在设计和开发过程中根据需要进行修订,并在每次正式设计评审会议上进行评审。项目计划的变更应通过设计阶段评审会议记录予以批准。更新后的项目计划应作为设计历史文档(DHF)的一部分予以维护。

5.3.7　设计输入阶段评审(设计控制的正式开始)

项目负责人应负责召集正式的设计评审会议,包括项目组所有成员,另加一名客观的/独立评审人员。设计输入阶段评审会议的目的是评审并确认设计输入和预期输出,以识别和解决任何歧义和冲突,并启动设计和开发阶段。项目计划、设计输入文件(DID)、设计追溯矩阵(DTM)、风险分析等相关信息应包括在设计输入阶段评审会议中。

任何不完整的、含糊不清的或相互冲突的要求,或提议的变更,都应在设计输入阶段评审会议中识别,并使用设计阶段评审会议记录进行记录。

项目组所有成员对设计阶段评审会议记录的批准,表示批准项目进入设计和开发阶段。或者,如果管理层确定该产品不可行,不具有成本效益等,设计项目将被终止,在这种情况下,不需要采取进一步的行动。

此评审结束后,对设计输入的所有更改均应使用设计变更表进行控制。设计变更表无须在设计评审会议上填写,但是应在随后不久进行批准。设计阶段评审会议记录和设计变更表应作为设计历史文档(DHF)的一部分予以维护。

5.3.8　设计评审

在设计和开发过程中,可能会召开多次设计评审会议。应根据项目计划,在每个设计阶段结束时召开设计阶段评审会议并形成文件。项目组的所有成员都需要参加设计阶段评审会议,以及一名独立的评审人员。

设计控制程序			
SOP 编号：	版本：01	生效日期：	第 13 页/共 19 页

在设计阶段还可以召开其他的设计评审会议，对文件进行评审和批准，以及对项目状态和交付成果进行评审。对被评审的设计活动负有直接责任的项目组成员应参加这些评审会议。必要时，应包括专家参与。

设计阶段评审会议记录应记录所评审的设计、设计阶段、评审结果、任何必要的措施、参与人员和评审日期。

阶段设计评审的成功完成取决于阶段活动的完成以及项目组成员在设计阶段评审会议记录上的签字批准。如果存在未解决的问题，必须制定解决方案，并将其记录在设计阶段评审会议记录上，并由项目组批准。如果在一个设计阶段内进行了多次设计评审会议，阶段评审会议应总结各个评审会议的结果。

5.4　设计和开发阶段

设计和开发阶段的目的是设计和开发出满足设计输入（即产品需求）所需的产品和生产过程。在这一阶段，可以探索多种设计方案，并制造多台研发原型机，用于实验室测试、在模型中模拟使用测试、临床前测试和用户/医生评估。

在设计和开发阶段应生成设计规范，以满足产品要求，并为采购、生产和服务提供适当的信息。

已完成的设计输出应包括确定的器械，以及确保已完成的设计满足设计输入要求的文件，包括：

- 器械设计（如图纸、成品规范、软件）；
- 材料采购要求［如材料清单、材料、组件和（或）装配规范］；
- 生产说明（如组装、工艺、检验和测试程序）；
- 器械标识（如产品标签、纸箱标签、使用说明）；
- 器械包装（如直接包装、运输包装箱）。

项目计划应确定所需的输出和这些输出的责任人。

设计输出应包含或参考的验收标准，并识别对产品的安全和正常运行至关重要的任何设计特征。可以使用各种方法来识别重要的输出，包括但不限于风险分析、比较分析、法规和标准评审等。输出将以能够对设计输入要求的一致性进行充分评价的方式加以说明。一般来说，如果一项内容是项目计划中列出的设计任务的可交付成果，且该项内容定义、描述或阐述了设计实现的一个要素，那么该项内

设计控制程序			
SOP 编号:	版本：01	生效日期：	第 14 页/共 19 页

容就是设计输出。

生成的输出可能包括但不限于：

- 用于验证的原型；
- 首件样品；
- 产品工程图纸；
- 材料清单；
- 批记录/工艺路线/工单；
- 产品和设计规范；
- 部件和材料规范；
- 设备校准和维护要求；
- 质量规范：来料、过程和成品；
- 生产装配/工艺流程和程序；
- 检验和试验方法；
- 标准采购协议；
- 标签、包装程序和规范；
- 设计验证和设计确认计划；
- 过程确认计划；
- 软件代码。

随着项目在设计和开发阶段的进展，项目负责人可能会召开多次项目组会议，以评审项目状态、更新进度表、评审和批准设计输出等。设计输出使用设计变更表时应再次进行评审和批准。所有项目组会议应由项目负责人或指定人员记录。

当项目组同意设计满足设计规范的要求时，应召开设计和开发阶段评审会议，并在设计阶段评审会议记录中做好记录。在设计验证活动的初次生产产品的批准和输出转换之前应对设计规范进行评审，以确保设计规范的充分性。设计规范应从这一节点开始进行"冻结"，设计规范的任何变更均应使用设计变更表进行控制。

任何在设计和开发阶段暴露的风险和(或)危险都应该在设计和开发阶段评审会议上识别和处理。风险分析应根据需要进行修订，以处理任何潜在的新风险或意外风险，并使用设计变更表作修订批准。

设计输入/输出追溯矩阵(DTM)应在设计和开发阶段评审会议上进行评审。

设计控制程序			
SOP 编号：	版本：01	生效日期：	第 15 页/共 19 页

项目计划还应根据需要进行评审和更新。任何变更均应记录在设计阶段评审会议记录并使用设计变更表对设计追溯矩阵(DTM)进行修订、批准和控制。

设计阶段评审会议记录的批准表明该器械已经准备进入设计验证阶段。

5.5　设计验证阶段

设计验证阶段的目的是验证"冻结"的设计是否满足了设计输入要求[①]。设计验证应使用具有代表性的成品器械(如生产原型、试运行、初始生产产品)进行,并使用代表拟以生产过程的工艺生产,适当时使用校准的测试设备和经确认的测试方法。

验证可以通过检验、测试和分析来完成,可能包括以下内容：生物相容性测试；包装完整性测试；执行替代计算；如果可行,将新设计与已证实的类似设计进行比较；在设计评审时评审数据和结果；测试和演示；故障树分析；失效模式及影响分析(FMEA)；微生物污染水平测试等。可行时,验证活动应考虑最坏的操作条件。

验证活动应根据设计和开发阶段制定并批准的计划/方案进行。验证计划/方案应识别设计项目、识别正在测试的单元(如生产原型机或初次生产的器械)、验证方法和实施的相关程序、所需的设备、验收标准以及适当的统计技术和样本量。如可行,应采用标准化的测试方法。当使用非标准化测试方法时,应对方法进行记录和评估,以确定是否需要对测试方法进行确认。

应生成验证报告,以记录日期、结果、执行验证的人员、使用的设备以及结论(如已满足验收标准)和(或)应采取的任何措施。验证文件应作为设计历史文件(DHF)的一部分进行维护。

注意：如果器械的预期用途要求器械与其他器械连接,或与其他器械有接口,验证应包括当这样连接或接口时,设计输出满足设计输入要求。

设计验证活动完成后,项目负责人应召开设计验证阶段评审会议,对验证结果进行评审,确认最终设计符合产品规范要求,所进行的每次验证的结果符合验收标准。设计验证阶段评审会议应记录在设计阶段评审会议记录中。

任何在设计验证阶段暴露的风险和(或)危险都应该在设计验证阶段评审会议

①　译者注：原文此处为 requirements,结合语境和上下文,此处应为 specification,因此应译为"规范"。

设计控制程序			
SOP 编号:	版本: 01	生效日期:	第 16 页/共 19 页

上得以识别和处理。风险分析应根据需要进行修订,以处理任何潜在的新风险或意外风险,并使用设计变更表批准。

设计规范要求的任何变更均应使用设计变更表进行记录并获得批准,在进入设计确认阶段之前,应执行任何后续验证测试并对其可接受性进行评审。

设计输入/输出追溯矩阵(DTM)应在设计验证阶段的评审会议上评审,并更新以记录验证输出和结果。项目计划还应根据需要进行评审和更新。任何变更均应记录在设计阶段评审会议记录中,并使用设计变更表对设计追溯矩阵(DTM)进行修订、批准和控制。

设计验证阶段评审会议记录的批准表明已经准备好进入设计确认阶段。

在设计验证阶段完成时,应生成一份工程变更指令单(ECO),以转换为过程确认和设计确认进行的初次生产产品所需的生产、检验和确认文件。

在设计验证成功后,产品在发布前需要经过监管机构批准或向监管机构备案的,应收集必要的文件和数据,提交给监管机构。

5.6   设计确认阶段

5.6.1   过程确认

生产设备和过程应经过确认,包括任何嵌入式软件,以确保转换的制造工艺是有效的和可重复的。过程确认应按照设计和开发阶段制定的过程确认计划/方案进行。过程确认通常应在设计确认阶段完成。应生成过程确认报告,并记录设计项目、使用的方法/程序、实施确认的日期和实施确认的人员,并记录结果、结论和任何必要的措施。

5.6.2   设计确认

设计确认的目的是在将产品设计从产品开发的最后阶段转换到全面生产前,确保器械符合定义的用户需求和预期用途,以及确认产品的可制造性和确认生产过程(过程确认)。

确认应在规定的操作条件下进行,对使用相同的生产和质量体系方法、程序和设备生产的初始生产产品、批次(即具有代表性的或等同的产品)进行确认,这些方法和设备将用于日常生产。应记录用于确认的产品选择的基本原理。确认包括在实际或模拟使用情况下对生产产品进行测试。

设计控制程序			
SOP 编号：	版本：01	生效日期：	第 17 页/共 19 页

设计确认活动应按照项目计划进行,可包括:

- 评审标识/标签;
- 稳定性研究;
- 过程/产品/软件确认;
- 风险分析;
- 临床评估;
- 人因工程/可用性测试;
- 临床研究/试验;
- 实质等同对比器械性能比较;
- 产品/市场评估;
- 模拟使用环境测试;
- 运输试验。

如果有不同的预期用途,则必须执行多次确认。

确认应使用在设计开发阶段和设计验证阶段制定的计划/方案进行。确认计划/方案应识别设计项目,识别被测试的器械(如初次生产的产品批号),使用的确认方法,验收标准以及在适当的情况下,识别统计技术和选取样本量的理由。

应生成确认报告,以记录设计项目、日期、结果、执行确认的人员以及结论和(或)应采取的任何措施。确认文件应作为设计历史文件(DHF)的一部分进行维护。

注意:如果器械的预期使用要求器械与其他器械连接或有接口,确认应包括这些连接或接口的应用或预期使用的要求是否已得到满足。

在设计确认活动完成后,项目负责人须召开设计确认阶段评审会议,评审确认结果,确定确认过程是有效的和可重复的(即过程确认),完成的器械设计符合定义的用户需求和预期用途。设计确认阶段评审会议应记录在设计阶段评审的会议记录中。

任何在设计确认阶段暴露的风险和(或)危险都应在设计确认阶段评审会议上识别和处理。风险分析应根据需要进行修改,以处理任何潜在的新风险或意外风险,并使用设计变更表进行批准。

设计规范要求的任何变更均应使用设计变更表进行记录并获得批准,在进入

设计控制程序			
SOP 编号：	版本：01	生效日期：	第 18 页/共 19 页

设计发布阶段之前,应执行任何后续验证或确认测试,并对其可接受性进行评审。

设计输入/输出追溯矩阵(DTM)应在设计确认阶段评审会议上评审,并更新以记录确认输出和结果。项目计划还应根据需要进行评审和更新。任何变更均应记录在设计阶段评审会议记录上,并使用设计变更表对设计追溯矩阵(DTM)进行修订、批准和控制。

设计确认阶段评审会议记录的批准将表示最终设计文档已批准,设计控制活动已初步完成,准备可进入设计发布阶段。

应生成工程变更指令单(ECO),将最终的器械设计[即剩余的产品主文档(DMR)要素]以及风险分析、设计输入文件(DID)、设计追溯矩阵(DTM)和项目组认为适当的任何其他文件转换到生产中。

5.6.3　设计发布和批准销售

当所有设计控制活动和成果交付完成后,项目负责人将召开设计发布阶段评审会议。最终设计评审会议的目的是确认最终的器械设计已准确地转换给生产部门;器械已收到所有监管部门的批准,该器械已获准销售;所有最终的研究和测试已完成并可接受;唯一器械识别码已注册;销售协议已签订;销售团队已做好发布产品的准备;所有项目组成员和执行高层管理团队同意该器械已做好商业发布的准备。

设计输入/输出追溯矩阵(DTM)应在设计发布阶段评审会议上进行评审,并更新以记录任何剩余的结果。任何变更都应记录在设计阶段评审会议记录中,并修订设计追溯矩阵(DTM)。

项目组应完成一份设计转换检查表,以检查所有设计控制活动和交付成果是否完整。

设计发布阶段评审会议记录的批准将表示最终设计文档的批准,设计控制活动的最终完成,以及器械上市销售的准备就绪。

应生成工程变更单(ECO),将最终器械设计产品主文档(即DMR)以及风险分析、产品性能规范、设计追溯矩阵(DTM)和项目组认为适当的任何其他文件转换到生产中。

应填写一份销售批准表,以记录所有项目组成员和管理层的确认,即所有活动已完成,器械有待商业发布。销售批准表应保存在 DHF 内。如有项目成员不批准

设计控制程序			
SOP 编号：	版本：01	生效日期：	第 19 页/共 19 页

销售批准书，应将纠正措施记录在案，并安排另一次设计评审会议，以确定器械是否准备发布。

5.7　上市后设计变更

一旦设计转换到生产部门，任何变更都应按照工程变更控制程序进行。应对变更进行评估，以确定变更对设计输入的重要性，如医疗器械的功能、性能、可用性、安全性和适用的法规要求及其预期用途。变更对产品实现过程和在制品或在市场的产品的影响也应进行评审。在实施变更之前，应根据风险管理程序对变更进行必要的验证和（或）确认，并对风险进行评估。

6.0　设计历史文件(DHF)

应为每个新产品创建设计历史文件(DHF)，包含或引用本程序涉及和项目产生的记录的章节。

项目负责人或指定人员将负责维护设计历史文件(DHF)。

完成的设计历史文件(DHF)将按照记录控制程序进行维护。

修订历史

修订版本	生效日期	ECO 编号	修订说明
01			新—首次发布

附录 B：设计输入文件

公 司 名 称			设计输入文件		
文件编号	F－030－DID	版本：1	生效日期：年　月　日		页码：1/3

项目编号：_____　　　　　　项目：_____

定义初始产品输入

根据下表中列出的产品特征，定义所有当前已识别的输入。如需要，请另附表格。

序号	要求类型/特征	产品要求/描述（如输入）	要求来源（如顾客、文献、市场、测试、法规、标准等）	设计规范（如输入可验证的方式）
1.	**性能特性：如用户要求**			
1.1	医疗器械产品使用的适应证			
1.2	临床使用程序			
1.3	相关设置/使用环境			
1.4	用户医学特长			
1.5	患者人群纳入/排除标准			
1.6	用户接口/人体工程学考虑			
2.	**产品特性：如产品要求**			
2.1	物理性能			
2.2	化学性能			

公　司　名　称		设计输入文件			
文件编号	F-030-DID	版本：1	生效日期：年　月　日		页码：2/3

序号	要求类型/特征	产品要求/描述(如输入)	要求来源(如顾客、文献、市场、测试、法规、标准等)	设计规范(如输入可验证的方式)
2.3	生物相容性			
2.4	环境			
2.5	灭菌和无菌屏障			
2.6	包装			
2.7	医疗器械接口			
2.8	安全性和可靠性			
3.	**市场要求**			
3.1	预期市场			
3.2	合同要求			
3.3	产品要求			
3.4	标签(警告、禁忌、电子标签等)			
3.5	专利、商标、许可/分销商协议			
3.6	临床要求			
4.	**监管要求**			
4.1	产品分类和产品代码			
4.2	医疗器械产品的批准要求			
4.3	相关绩效/监管标准			
4.4	标签(符号、UDI、规格型号等)			
4.5	合同协议(外包供应商、授权代表)			
5.	**其他要求**			
5.1				

公 司 名 称		设计输入文件			
文件编号	F-030-DID	版本：1	生效日期：年　月　日		页码：3/3

序号	要求类型/特征	产品要求/ 描述(如输入)	要求来源(如顾客、 文献、市场、测试、 法规、标准等)	设计规范 (如输入可验证 的方式)
5.2				
5.3				
5.4				
5.5				

修订历史

版　本	修订说明	变更原因	生效日期

附录 C：产品声明表

公司名称
CE 产品声明表

产品/产品系列：	
预期用途：	
产品声明：	**支持数据：**
警告/注意事项：	
禁忌症：	

批准：（签名和日期）

职位/部门	日期
职位/部门	日期
职位/部门	日期

修订历史

版　本	生效日期	ECO 编号	描　述

附录 D：输入/输出设计追溯矩阵

公 司 名 称			输入/输出设计追溯矩阵	
文件编号：	F-030-DTM	版本：1	生效日期：	第 1 页/共 2 页

项目编号： _____   **项目名称：** _____

注意：每个输入的编号必须保持不变，且可追溯至设计输入文档。新的输入应该是在相应部分的末尾输入。

ID 编号.	设计输入 （来自 DID 的 设计规范）	输出 （图纸、规程、 程序等）	验证 （参考文档 和结果）	确认 （参考文档 和结果）	备注 （修订/行动）
1.	**性能特性——用户要求**				
1.1.					
1.2.					
1.3.					
1.4.					
1.5.					
1.6.					
2.	**产品特性——产品要求**				
2.1.					
2.2.					
2.3.					
2.4.					
2.5.					
2.6.					
2.7.					

公 司 名 称			输入/输出设计追溯矩阵			
文件编号：	F - 030 - DTM	版本：1	生效日期：			第2页/共2页

ID 编号.	设计输入 （来自DID的 设计规范）	输出 （图纸、规程、 程序等）	验证 （参考文档 和结果）	确认 （参考文档 和结果）	备注 （修订/行动）
2.8.					
3.	**市场要求**				
3.1.					
3.2.					
3.3.					
3.4.					
3.5.					
3.6.					
4.	**法规要求**				
4.1.					
4.2.					
4.3.					
4.4.					
4.5.					
5.	**其他要求**				
5.1.					
5.2.					
5.3.					
5.4.					
5.5.					

修订历史

修订编号	修订描述	修订原因	日 期

附录 E：项目审批表

公司名称	项目审批表

设计项目名称	
项目负责人	
项目发起时间	

项目/产品描述（目的和目标，预期用途）：

项目团队：	
名　称	职位和责任
独立成员：	

批准(签名)：	日期：
项目负责人：	
董事长：	

附录 F：设计评审会议记录

公司名称	设计评审会议记录

设计项目名称	
项目负责人	
项目发起时间	

1.0　设计阶段

☐	设计输入阶段	☐	设计验证阶段
☐	设计开发阶段	☐	设计发布阶段
☐	设计确认阶段	☐	其他

2.0　评审项目

☐设计输入阶段	
评　审　项　目	文件编号/引用/意见
项目审批	
项目计划	
设计输入文档	
风险管理计划	
设计风险分析	

续　表

□设计输入阶段	
评　审　项　目	文件编号/引用/意见
人因工程计划	
知识产权审查	
监管评审摘要	
临床评价计划	
临床评价和文献审查	
市场调研计划	
生产计划	
软件开发计划	
软件需求说明	
输入/输出追溯矩阵	

□设计开发阶段	
评　审　项　目	文件编号/引用/意见
项目计划	
合格测试/测试方法确认	
过程确认计划	
设计风险分析	
设计输入文件	
设计验证和确认测试计划	
设计验证方案	
生产过程风险分析	
技术评审	
输入/输出追溯矩阵	
设计文档（DMR/技术文档）	

□设计验证阶段	
评 审 项 目	文件编号/引用/意见
项目计划	
设计输入文件	
设计验证报告	
产品等效性检查表	
风险管理计划和风险分析	
过程确认方案	
设计验证和确认测试计划	
设计确认方案	
技术评审	
输入/输出追溯矩阵	
监管提交/未归档文件	
人体临床研究文件	
设计文档(DMR/技术文档)	
项目变更单——(由于 MFG 的 DMR 要素)	

□设计确认阶段	
评 审 项 目	文件编号/引用/意见
项目计划	
过程确认报告	
风险管理报告和风险分析	
设计输入文件	
设计确认报告	
人体临床试验或可用性报告	
技术评审	
输入/输出追溯矩阵	
设计文档(DMR/技术文档)	

□设计发布阶段	
评 审 项 目	文件编号/引用/意见
剩余 DMR/技术文件/DHF 要素（如网站、小册子等）	
监管批准和注册	
UDI 注册	
知识产权、商标	
销售协议	
授权代表协议/通知	
输入/输出追溯矩阵	
设计转换检查表	
批准销售表	
项目变更单——设计发布待售	

□其他	
评 审 项 目	文件编号/引用/意见

3.0　评审结果

	继续当前阶段		采取行动进入下一阶段
□	继续当前阶段	□	采取行动进入下一阶段
□	终止项目	□	进入下一阶段

4.0　与会者

职能/部门	姓　名	团队角色或职务	签　名

5.0　已采取行动

序　号	描　述	责任人	期　限	状　态

6.0　拟采取行动

序　号	描　述	责任人	期　限	状　态

7.0　评论/更新

审　批			
（根据需要自行添加行）			
姓　名	团队角色/职务	签　名	日　期

附录 G：风险分析

公司名称			
	风险分析		

器械名称/器械系列：			
器械描述：			
预期用途：			

评价的执行者	职　务	签　名	日　期

修订历史

版　本	描述/变更原因	ECO/PDCF 编号	评估日期

QARA xxx 公司
填写风险分析表的说明

标题

- 器械名称/器械系列：确定风险分析所涉及的器械名称或器械系列。
- 器械描述：提供该器械的简要描述。
- 预期用途：确定该器械的预期用途。

评价的执行者

- 记录进行风险分析的人员姓名和职务。
- 记录参与风险分析的每个人的签名和日期。

修订历史

- 保持风险分析的修订历史，包括对任何修订的描述和(或)修订的原因(如年度评审、客户投诉、不合格、文献综述、市场数据、服务数据等)。
- 记录与修订有关的工程变更单(ECO)编号或产品开发变更表(PDCF)编号以及评审日期。

风险分析

公司名称

风险评估　　□设计　　□生产　　□上市后

可能影响产品、患者和（或）用户安全的真实或潜在的问题（即潜在或真实的问题）	与特性相关的危险（即影响）	可能的原因	发生概率	潜在严重度	风险估计（L,M,H）	风险控制措施	剩余风险（L,M,H）

公司名称			
风险分析			

支持文件(附录)	是	否	意见
单元销售评审			
上市后数据评审 (如公司投诉历史评审)			
不合格产品历史评审 (如生产问题)			
等同器械数据评审 (如投诉、事件、文献等)			

综合风险:　　　　□可接受　　　　□不可接受

意见:

_____

_____

公司名称	
	填写风险分析表的说明

风险评估：确定评估的范围，如设计、生产、生产后

可能影响产品、患者和(或)用户安全的特征：(即问题)

列出所有这些可能影响器械安全的特征。特征应考虑以下适用的情况：

- 器械的预期用途或应用，如不适当的使用或应用、重复使用一次性器械、不适当的消毒方法。
- 使用的材料/组件，和(或)器械的附件，如材料的兼容性、材料的降解、毒性、材料的生物安全性。
- 制造/装配的风险，如污染、残留物、不正确的装配、不兼容的附件/物质、物质从器械中泄漏的风险。
- 环境因素，如静电放电、电磁兼容性、温度、湿度、荧光灯、环境物质可能进入器械的风险。
- 包装(单次或多次使用的器械，无菌或非无菌，货架有效期)，如包装完整性，过期产品。

与特征相关的可能的危险

危险是伤害的潜在根源，可能影响安全的特性导致。编制一份与器械在正常和故障条件下相关的潜在危险(即如果该特性发生会发生什么)的清单。

可能的原因

指出问题的可能原因。

风险评估

考虑每个危险的发生概率和相关的影响(即潜在的后果/严重度)。对于每个可能的危险，估计并记录正常和故障条件下的概率(如1、2、3、4、5)、严重度(如 A、

B、C、D、E)和相关风险(如低、中、高)。请参考下面的风险评估矩阵来分配风险。

严重度

		A 经常	B 有时	C 偶然	D 极少	E 几乎不可能
灾难性的	1	高				
危重的	2					
严重的	3			中		
轻度的	4					
可忽略的	5					低

发生概率(如可能性)

风险控制措施(即降低措施):

识别控制和(或)减少任何不可接受的风险而采取的措施。如果风险很高,则进行风险/受益分析并附上。

剩余风险

确定控制措施实施和验证后的剩余风险(低、中、高)。

进行评审/数据分析:

如适用(Y/N):

记录和(或)附上单元销售数据、任何上市后分析的结果,即投诉历史评审、任何不合格产品的历史评审结果和(或)任何等同器械数据评审结果。

综合风险

记录综合风险是否被认为是可接受的或不可接受的,并记录任何相关的意见,如可接受的风险,考虑到单个危险和控制措施、生产和(或)上市后信息。

附录 H：临床评估报告

公司名称	临床评估报告

器械名称：	器械分类： 欧盟： 美国： 加拿大：
制造商：	日期：

描述医疗领域的状况和当前发展水平：（识别使用条件及其后果、现有的模式/可用的器械、与现有模式/可用的器械相比该器械相关的优点/益处以及缺点或限制/风险、临床性能参数/标准、器械问题、效果和它们的规模。）

器械概述：（器械的物理描述，如组件、材料、附件、机械特性、灭菌或非灭菌、MRI 兼容性等。）

公司名称	临床评估报告

器械的预期应用：（器械的用途/如何使用,使用或接触时间,侵入式/非侵入式,一次性使用/可重复使用,对现有产品或前代版本的识别和比较）

预期治疗和(或)诊断的适应证及宣称：（使用的适应证,包括医疗条件和目标人群;识别任何的益处或具体的安全或性能声明,并表明这些声明是否与现有已上市的器械一致;识别等同器械;识别任何新的声明或适应证）

评价和选择临床数据类型的背景：（器械是基于新技术、现有技术的新临床应用、现有技术、还是在现有技术基础上的渐进式变革？评价是基于现有器械的数据还是等同器械的数据？器械是否需要评价任何与特定性能或安全相关的基本要求？）

公司名称	临床评估报告

对临床数据和评估的总结：〔识别所使用的临床数据，描述任何适用的数据与器械的等同性-例如临床、技术和生物学特性-识别为证明等同性而进行的任何试验，并描述评估过程，包括与器械性能和(或)安全性相关的数据指标和数据权重〕

性能数据分析：（用于评估性能的分析）

安全数据分析：（使用该器械的总体经验，包括与器械相关的不良事件和任何用户培训要求）

产品文献和使用说明：（产品标签是否与临床数据一致，是否说明了任何可能影响器械使用的危险或其他临床相关信息，如可用性方面、剩余风险、警告、注意事项、禁忌症）

公司名称	临床评估报告

结论：(该器械预期使用的安全性和性能得出的结论,确定当与患者受益相比时,已识别的风险是否已被降低到可接受的水平,确认使用说明包含了所有相关的信息)

编制人：   日期：

批准：

姓　名	职务/职能	签　字	日　期

变更历史

版　本	变更描述/原因	日　期

附录 I：设计转换检查表

公司名称	设计转换检查表

产品/项目：　　　　　　　　　　　　**日期：**

	是	否	不适用
设计验证测试是否完成且可接受	☐	☐	☐
设计确认是否完成且可接受	☐	☐	☐
风险分析是否完成且最新	☐	☐	☐
器械主文档(DMR)是否完成并包括，如适用：	☐	☐	☐
• DMR 定义	☐	☐	☐
• 物料清单	☐	☐	☐
• 组件、物料、次级附件和成品规范	☐	☐	☐
• 装配图	☐	☐	☐
• 生产组装/工艺规程和规范	☐	☐	☐
• 来料检验程序	☐	☐	☐
• 生产过程检验和测试程序	☐	☐	☐
• 成品测试和检验程序	☐	☐	☐
• 标签和包装规范、程序及接受标准	☐	☐	☐
• 器械历史记录(DHR)(如批次记录)表格	☐	☐	☐
• 标签复印件(纸箱、成品、使用说明书)	☐	☐	☐
供应商评价和批准是否完成	☐	☐	☐
设备校准和维护要求是否已确认	☐	☐	☐
人员是否经过培训	☐	☐	☐
是否已生成工程变更指令单(ECO)以将产品投入生产	☐	☐	☐

公司名称	设计转换检查表

	是	否	不适用
CE 技术文件是否完整并包括,如适用	☐	☐	☐
• 基本要求检查表	☐	☐	☐
• 技术文档	☐	☐	☐
• 临床评价	☐	☐	☐
• 产品声明表	☐	☐	☐
• 符合性声明	☐	☐	☐
• 产品分类理由	☐	☐	☐

批准

项目组长	日期
工程	日期
QA/RA	日期
市场/销售	日期
运营/制造	日期
采购/生产计划	日期
其他	日期

附录 J：设计变更单

公司名称			
	设计变更单		

产品/项目名称：_____

变更日期：_____

提议的变更内容：

文　件	变更前	变更后	依　据

批准：

_____　　　_____
　　　　　项目组长：　　　　　　　　　　　　　　　日期：

_____　　　_____
　　　　　　工程：　　　　　　　　　　　　　　　　日期：

_____　　　_____
　　　　　QA/RA：　　　　　　　　　　　　　　　　日期：

_____　　　_____
　　　　　　市场：　　　　　　　　　　　　　　　　日期：

_____　　　_____
　　　　　　制造：　　　　　　　　　　　　　　　　日期：

_____　　　_____
　　　　　　其他：　　　　　　　　　　　　　　　　日期：

_____　　　_____
　　　　　　其他：　　　　　　　　　　　　　　　　日期：

附录 K：销售批准表单

公司名称	销售批准表

产品/项目名称：＿＿＿＿＿＿＿＿＿＿＿＿＿＿＿＿＿

项目组长：＿＿＿＿＿＿＿＿＿＿＿＿＿＿＿＿＿

产品编号：＿＿＿＿＿＿＿＿＿＿＿＿＿＿＿＿＿

工程变更单(ECO)编号：＿＿＿＿＿＿＿＿＿＿＿＿

该项目中详述的活动将在获得发售之前完成。如果某项活动尚未完成和(或)不适用，则需在"销售批准表单"附上备忘录形式的说明。

部门/个人	签 名	日 期
项目组长	＿＿＿＿＿＿＿＿	＿＿＿＿＿＿＿＿
工程	＿＿＿＿＿＿＿＿	＿＿＿＿＿＿＿＿
QA/RA	＿＿＿＿＿＿＿＿	＿＿＿＿＿＿＿＿
市场/销售	＿＿＿＿＿＿＿＿	＿＿＿＿＿＿＿＿
运营/制造	＿＿＿＿＿＿＿＿	＿＿＿＿＿＿＿＿
采购/计划	＿＿＿＿＿＿＿＿	＿＿＿＿＿＿＿＿
总裁	＿＿＿＿＿＿＿＿	＿＿＿＿＿＿＿＿
其他	＿＿＿＿＿＿＿＿	＿＿＿＿＿＿＿＿
其他	＿＿＿＿＿＿＿＿	＿＿＿＿＿＿＿＿

本文件的批准表明上述产品已获准销售并可用于商业发布。

附录 L：工程变更指令单（ECO）

公司名称

工程变更指令单

A 部分—由变更申请者填写		ECO#：
受影响的产品/流程/文件：		文件编号：　　　　　　版本：
变更发起人：		日期：　　　　　　部门：

变更描述/摘要：（根据需要附上文件）

变更理由：

变更批准？　　□是　　□否（拒绝的原因）：

公司名称

工程变更指令单

B 部分—变更控制评估：(勾选适当的方框)

□工程变更　　　　　　　　　　　　　　　　　　　　□文档

标签变更
- □适应证的变更
- □警告或预防措施的变更
- □新的声明
- □增加/删除禁忌证
- □明确/升级标签/标识
- □增加符号或语言
- □其他_____

技术/性能变更
- □机械控制的变更
- □工作原理的变更
- □能源类型的变更
- □MFG 流程的变更(例如,物料清单[BOM],批状记录,作业指导书等)
- □性能规格的变更
- □用户接口/患者的人体工程学变更
- □尺寸规格变更(工程图纸)
- □软件变更
- □包装或有效期的变更
- □变更以解决特定风险或故障模式
- □其他_____

材料变更
- □材料/组件规格的变更
- □新材料/组件
- □变更/新供应商
- □其他_____

文档变更
- □明确,保持一致或纠正错误的变更
- □反映当前流程/实践的变更
- □变更以符合法规要求(具体)_____
- □内部或外部审核引起的变更
- □其他_____

影响成本：□是　□否　　　**年度影响：**￥_____

材料/组成/产品处置：□NA

□用现有库存　□用完现有库存直到新库存到货　□报废　□返工　□召回　□其他

公司名称

工程变更指令单

C 部分—由审批部门确定并完成

序号	确定所需的变更/行动	YES	NO/NA
1	实施前是否需要变更质量手册？在实施之前是否需要变更程序、工作说明和（或）用户手册	☐	☐
2	在实施之前是否需要变更质量表格和（或）日志	☐	☐
3	是否需要变更图纸	☐	☐
4	是否需要变更 BOM/零件清单和（或）批次记录	☐	☐
5	材料/组件规格或产品规格是否需要开发或变更	☐	☐
6	标签/标识是否需要开发、修订和（或）翻译（包括使用说明、插图、网站）	☐	☐
7	变更是否需要过程确认/重新确认	☐	☐
8	变更会影响工装或设备	☐	☐
9	变更是否会影响与现有产品和（或）附件的兼容性	☐	☐
10	变更是否会影响包装和（或）运输规格	☐	☐
11	变更是否会影响产品的无菌性（如灭菌周期、方法、灭菌器、包装等的变更）	☐	☐
12	变更是否会影响稳定性（如有效日期）	☐	☐
13	变更会影响软件吗	☐	☐
14	变更是否会引入新的危险或影响与现有危险相关的风险（如风险分析）	☐	☐

公司名称

工程变更指令单

C部分—由审批部门确定并完成

序号	确定所需的变更/行动	YES	NO/NA
15	批准的供应商清单是否需要变更（如新供应商，移除供应商）	☐	☐
16	是否需要将变更通知供应商	☐	☐
17	实施前是否需要变更质量手册？在实施之前是否需要变更程序，工作说明和（或）用户手册	☐	☐
18	变更是否需要制定或修订供应商合同/协议/图纸	☐	☐
19	变更是否需要对供应商、组件或材料进行评估	☐	☐
20	变更是否需要在实施前进行培训	☐	☐
21	变更是否需要通知公告机构和（或）授权代表（如MAH、AR、澳大利亚代理人、巴西代表等）	☐	☐
22	变更是否会影响器械分类或注册要求	☐	☐
23	监管机构的通知	☐	☐
24	变更是否需要修订器械主文档	☐	☐
25	变更是否需要对技术文件进行修订	☐	☐
26	UDI/GS1数据库需要更新	☐	☐
27	变更是否会影响临床数据/性能评估数据	☐	☐
28	变更是否会影响产品的无菌性（如灭菌周期、方法、灭菌器、包装等的变更）确定行动和受影响的文件（如适用）	☐	☐

对于以上勾选"YES"项目，请在D和E部分确定行动和受影响的文件（如适用）

公司名称

工程变更指令单

D 部分 由工程和 QA 确定并完成　　□如不适用，请检查

是否需要验证？□是（在下面确定所需的验证活动）
□文件评审和批准
□测试
□工程分析
□其他 _____
□否，提供理由 _____

是否需要确认 □是（在下面确定所需的确认活动）
□过程确认（如变更已确认的参数或制造设备）
□产品确认（如变更器械设计或标签）
□软件确认
□风险分析/FMEA
□其他 _____
□否，提供理由 _____

变更是否会对成品产生不利影响？□是 □否

公司名称

工程变更指令单

E 部分—受影响的文件列表 (如有必要，请附加其他页面) □ 如不适用，请检查

C 部分

序号#	文件 (确定受影响的文件)	责任人	任务/行动和 (或) 变更描述 [采取的行动]	文件版本		完成后检查
				变更前	变更后	

F 部分—工程变更的批准和变更控制的启动：　用"X"表示所需的批准　□NA

		姓　名	签　名	日　期
X	QA/RA			
□	QA/RA			
□	工程			
□	其他：＿＿＿			
□	其他：＿＿＿			

公司名称

工程变更指令单

G 部分—验证和/确认结果和/或纠正措施计划（如适用）□如不适用，请检查

□ 文件评审和批准

□ 测试——方案和报告编号：

□ 过程确认方案和报告编号：

□ 产品确认方案和报告编号：

□ 软件确认方案和报告编号：

□ 风险分析/FMEA：

□ 其他：

批　　准

H 部分—最终批准 - 用"X"表示所需的批准

X		姓　名	签　名	日　期
□	QA/RA			
□	工程			
□	制造			
□	采购			
□	市场/销售			
□	其他：			
□	其他：			
□	其他：			

公司名称

工程变更指令单

I 部分–指明变更何时生效

文件变更生效日期：

J 部分–验证处理（完成后检查）

	完 成
已完成的培训记录（如适用）	☐
变更通知受影响人员	☐
根据需要分发文件，废弃的文件不再使用	☐
适当更新数据库和主清单以及日志，并在适用时将文件上传至网络	☐

签名：

日期：

参考文献

1. ANSI/ASQC D1160 – 1995, Formal Design Review.

2. Applying Human Factors and Usability Engineering to Medical Devices: Guidance for Industry and FDA Staff, FDA CDRH, February 3, 2016.

3. Biocompatibility, FDA, and ISO 10993, Steven S. Saliterman, MD, FACP. Biocompatibility Testing: Tips for Avoiding Pitfalls, Part 2, MDDI Medical Device and Diagnostic Industry, Laurence Lister, February 1, 2010.

4. BS EN 62366:2008, Medical Devices—Application of Usability Engineering to Medical Devices.

5. Clinical Evaluation: A Guide for Manufacturers and Notified Bodies under Directives 93/42/EEC and 90/385/EEC, European Commission, MEDDEV 2.7/1, Rev 4, June 2016.

6. Design Considerations and Pre-market Submission Recommendations for Interoperable Medical Devices, FDA, September 6, 2017.

7. Design Considerations for Devices Intended for Home Use, FDA CDRH, November 24, 2014.

8. Design Control Guidance for Medical Device Manufacturers, FDA, March 11, 1997.Donawa, Maria E. European Medical Device Usability Requirements, EMDT—European Medical Device Technology, May 27, 2011.

9. Factors to Consider Regarding Benefit-Risk in Medical Device Product Availability, Compliance, and Enforcement Decisions, FDA, December 27, 2016.

10. FDA Design Input Guidance, June 1997, *The Silver Sheet*. 11 – 14. FDA QSIT Workshop, Orlando, FL Oct 1999.

11. FDA Quality System Final Rule, *The Silver Sheet*, Subpart C—Design Controls. FDA—CY2016 Annual FDA Medical Device Quality System Data—Inspections, FDA Form 483 Observations, and Warning Letter Citations. Federal Register. 21 CFR Part 820.30, 2019.

12. Final Design Control Inspectional Strategy, CDRH, February 1998, 1 – 10.

13. GHTF SG3 N99-8, Guidance on Quality Systems for the Design and Manufacture of Medical Devices, June 29, 1999.

14. GHTF SG3 N99-9, Design Control Guidance for Medical Device Manufacturer's, June 29, 1999.

15. Guide to Inspections of Quality Systems: Quality System Inspection Technique—QSIT,

FDA. August 1999.

16. Human Factors and Usability Engineering—Guidance for Medical Devices Including Drug-device Combination Products, MHRA, September 2017, Version 1.0.

17. ISO 10993 – 1 and Biocompatibility—Conducting a Biological Evaluation of a Medical Device, Emergo Group, 21 April 2015.

18. ISO 13485: 2016—Medical Devices—Quality Management Systems—Requirements for Regulatory Purposes.

19. ISO 14971:2012—Medical Devices—Application of Risk Management to Medical Devices.

20. ISO Standard 10993, Biological Evaluation of Medical Devices. MDSAP Companion Document, 2017 – 01 – 06 MDSAP AU G0002.1.004.

21. Medical Device Biocompatibility, Dr. Nancy J Stark and Dr. Dan McLain, Clinical Device Group, 2011.

22. Medical Device Use-Safety: Incorporating Human Factors Engineering into Risk Management, FDA CDRH, July 18, 2000.

23. Pre-market Requirements for Medical Device Cybersecurity—Draft Guidance Document, Health Canada, December 7, 2018.

24. Q9 Quality Risk Management, FDA, June 2006, ICH.

25. Risk Management in Design Control, GHTF SG3 N15-R8, p. 20.

26. Safety Evaluation of Medical Devices, Shayne Cox Gad, Marcel Dekker, Inc., New York, 2002.

27. Sawyer, Dick. *Do it by Design: An Intro to Human Factors in Medical Devices*, December 1996.

28. Teixeira, Marie. *Design Controls for the Medical Device Industry*, CRC Press, Boca Raton, FL, 2013.

29. Use of International Standard ISO 10993, Biological Evaluation of Medical Devices Part 1: Evaluation and Testing Within a Risk Management Process, FDA CDRH, June 16, 2016.

中英文对照表

中　文	英　文	参　考　来　源
活动	activities	来源标准 GB/T 19000 - 2016 定义
急性毒性试验	acute toxicity test	参考 GB/T 16886 系列标准词语
琼脂扩散试验	Agar Diffusion Test	参考 GB/T 16886 系列标准词语
无菌处理	aseptic processing	参考 GB/T 16886 系列标准词语
细菌内毒素(LAL)试验	bacterial endotoxin (LAL) test	参考 GB/T 16886 系列标准词语
生物相容性	biocompatibility	来源标准 GB/T 16886.1 定义
保证	assurance	来源标准 GB/T 19000 - 2016 定义
侵袭度	degree of invasiveness	参考 GB/T 16886 系列标准词语
持续时间	duration	参考 GB/T 16886 系列标准词语
效果点/终点	effects/end points	参考 GB/T 16886 系列标准词语
评估终点	evaluation end points	参考 GB/T 16886 系列标准词语
水平	levels	参考 YY/T 0316 - 2016 标准词语
测试	test	来源标准 GB/T 19000 - 2016 定义
测试注意事项	testing considerations	参考 GB/T 16886 系列标准词语
生物降解	biodegradation	来源标准 GB/T 16886.9 - 2017 定义
生物材料	biomaterial	来源标准 GB/T 16886.6 - 2015 定义
致癌性试验	carcinogenicity testing	来源标准 GB/T 16886.3 - 2019 定义
细胞生长测定.抑制	cell growth assay，inhibition	参考 GB/T 16886 系列标准词语
控制	control	参考 YY/T 0287 - 2017 标准词语

中　文	英　文	参　考　来　源
程序	procedure	来源标准 GB/T 19000－2016 定义
过程,或流程,或工艺	process	来源标准 GB/T 19000－2016 定义
要求	requirements	来源标准 GB/T 19000－2016 定义
染色体畸变试验	chromosomal aberration test	参考 GB/T 16886 系列标准词语
慢性毒性试验	chronic toxicity test	参考 GB/T 16886 系列标准词语
临床数据	clinical data	参考 YY/T 0287－2017 标准词语
临床评价	clinical evaluation	来源 GHTF/SG5/N4：2010 词语
闭环测试	closed-patch test	参考 GB/T 16886 系列标准词语
凝血试验	coagulation assays	参考 GB/T 16886 系列标准词语
腐蚀	corrosion	来源标准 GB/T 16886.9－2017 定义
细胞毒性和细胞培养试验	cytotoxicity and cell cultures testing	参考 GB/T 16886 系列标准词语
降解产物	degradation products	来源标准 GB/T 16886.6－2015 定义
设计和开发策划	design and development planning	参考标准 YY/T0287－2017 词语
技术	techniques	参考 GB/T 19001－2016 的词语
定义	definition	来源标准 YY/T 0468－2015 定义
设计开发输出	develop outputs	参考 YY/T 0287－2017 的词语
改进	improvement	来源标准 GB/T 19000－2016 定义
阶段	phases	参考 YY/T 0287－2017 的词语
产品发布	product release	参考 YY/T 0287－2017 的词语
确认	validation	来源标准 GB/T 19000－2016 定义
验证	verification	来源标准 GB/T 19000－2016 定义
适用性	applicability	参考 GB/T 19001－2016 的词语
受益	benefits	参考 GB/T 19001－2016 的词语

续　表

中　文	英　文	参　考　来　源
客户	customer	来源标准 GB/T 19000 - 2016 定义
项目	project	来源标准 GB/T 19016 - 2005 定义
设计控制程序	design controls procedure	参考 YY/T 0287 - 2017 的词语
目的	purpose	参考 YY/T 0287 - 2017 的词语
要素	elements	参考 YY/T 0287 - 2017 的词语
发育毒性试验	developmental toxicity test	来源标准 GB/T 16886.3 - 2019 定义
监视和测量	monitor and measure	来源标准 GB/T 19000 - 2016 定义
环境因素	environmental factors	参考 YY/T 0316 - 2016 的词语
遗传毒性试验	genotoxicity tests	来源标准 GB/T 16886.3 - 2019 定义
血液相容性试验	hemocompatibility tests	参考 GB/T 16886 系列标准词语
溶血试验	hemolysis assay	参考 GB/T 16886 系列标准词语
文件	document	来源标准 GB/T 19000 - 2016 定义
性能特性	performance characteristics	参考 YY/T 0287 - 2017 的词语
产品特性	product characteristics	参考 YY/T 0287 - 2017 的词语
评审	review	来源标准 GB/T 19000 - 2016 定义
规范	specifications	参考 YY/T 0287 - 2017 的词语
内部审核	internal audit	参考 YY/T 0287 - 2017 的词语
皮内试验	intracutaneous test	参考 GB/T 16886 系列标准词语
侵袭性,程度	invasiveness, degree	参考 GB/T 16886 系列标准词语
刺激试验	irritation tests	来源标准 GB/T16886.10 - 2017 定义
医疗器械	medical devices	来源 GHTF/SG1/N071：2012,定义
风险评定	risk assessment	来源标准 YY/T 0316 - 2016 定义
转换要求	transfer requirements	参考 YY/T 0287 - 2017 的词语
小鼠淋巴瘤试验	mouse lymphoma test	参考 GB/T 16886 系列标准词语
小鼠微核试验	mouse micronucleus test	参考 GB/T 16886 系列标准词语

中　文	英　文	参　考　来　源
黏膜刺激试验	mucous membrane irritation tests	参考 GB/T 16886 系列标准词语
小鼠局部淋巴结测定（LLNA）	Murine Local Lymph Node Assay（LLNA）	参考 GB/T 16886 系列标准词语
致突变性试验	mutagenicity tests	参考 GB/T 16886 系列标准词语
使用环境	use environment	参考 GB/T 16886 系列标准词语
测试选择	test selection	参考 GB/T 16886 系列标准词语
灭菌	sterilization	参考 GB/T 16886 系列标准词语
环境特征	environmental characteristics	参考 GB/T 16886 系列标准词语
化学	chemical	参考 GB/T 16886 系列标准词语
生物	biological	参考 GB/T 16886 系列标准词语
开发流程	development process	参考 GB/T 19001－2016 的词语
采购	procurement	参考 YY/T 0287－2017 的词语
过程确认	process validation	参考 YY/T 0287－2017 的词语
原型	prototypes	参考 GB/T 16886 系列标准词语
聚氯乙烯聚合物	PVC polymer	参考 GB/T 16886 系列标准词语
热原性测试	pyrogenicity testing	参考 GB/T 16886 系列标准词语
质量保证	quality assurance	来源标准 GB/T 19000－2016 定义
生物相容性方面	biocompatibility aspects	参考 GB/T 16886 系列标准词语
生殖毒性试验	reproductive toxicity test	参考 GB/T 16886 系列标准词语
焦点	focus	参考 YY/T 0287－2017 的词语
风险	risk	来源标准 YY/T 0316－2016 定义
分析	analysis	参考 YY/T0316－2017 的词语
评定	Assessments	参考 YY/T0316－2017 的词语
受益分析	benefit analysis	参考 YY/T0316－2017 的词语
控制措施	control measures	参考 YY/T0316－2017 的词语

续　表

中　文	英　文	参　考　来　源
估计	estimation	参考 YY/T0316 - 2017 的词语
危险分析	hazards analysis	参考 YY/T0316 - 2017 的词语
评价	evaluation	来源标准 YY/T 0664 - 2020 定义
剩余	residual	参考 YY/T 0316 - 2016 的词语
风险管理	risk management	来源标准 YY/T 0316 - 2016 定义
生命周期	life cycle	来源标准 YY/T 0316 - 2016 定义
筛选测试	screening tests	参考 GB/T 16886 系列标准词语
致敏试验	sensitization tests	参考 GB/T 16886 系列标准词语
无菌医疗器械	sterile device	来源标准 YY/T 0287 - 2017 定义
无菌保证水平(SAL)	sterility assurance level (SAL)	参考 GB/T 16886 系列标准词语
无菌处理	aseptic processing	参考 GB/T 16886 系列标准词语
方法	methods	参考 YY/T 0287 - 2017 的词语
上市后监督(PMS)	post-market surveillance (PMS)	来源标准 YY/T 0287 - 2017 定义
亚急性毒性试验	subacute toxicity test	参考 GB/T 16886 系列标准词语
亚慢性毒性试验	subchronic toxicity test	参考 GB/T 16886 系列标准词语
补充试验	supplemental tests	参考 GB/T 16886 系列标准词语
全身毒性反应	systemic toxic reactions	参考 GB/T 16886 系列标准词语
测试方法确认	test method validation	参考 GB/T 16886 系列标准词语
测试方案	test protocol	参考 GB/T 16886 系列标准词语
血栓形成试验	thrombogenicity test	参考 GB/T 16886 系列标准词语
血栓形成	thrombosis	来源标准 GB/T 16886.4 - 2003 定义
用户接口	user interface	来源标准 YY/T 1474 - 2016 定义
USP 生物测试	USP biological tests	参考 GB/T 16886 系列标准词语
目的	purpose	参考 YY/T 0287 - 2017 的词语

中　文	英　文	参　考　来　源
创伤敷料	wound dressing	参考 GB/T 16886 系列标准词语
可追溯性	traceability	来源标准 GB/T 19000 – 2016 定义
法律要求	statutory requirement	来源标准 GB/T 19000 – 2016 定义
法规要求	regulatory requirement	来源标准 GB/T 19000 – 2016 定义
有效性	effectiveness	来源标准 GB/T 19000 – 2016 定义
输出	output	来源标准 GB/T 19000 – 2016 定义
项目管理计划	project management plan	来源标准 GB/T 19000 – 2016 定义
检验	inspection	来源标准 GB/T 19000 – 2016 定义
审核	audit	来源标准 GB/T 19000 – 2016 定义
质量计划	Quality Plan	来源标准 GB/T 19000 – 2016 定义
使用错误	use error	来源标准 YY/T 1474 – 2016 定义
瀑布式设计流程	waterfall design process	/
等同器械	predicate device	/
人因工程确认测试	human factors validation testing	/
有关的	related	/
相关的	associated	/
误使用	misuse	/
销售审批表	approval for sale form	/
用户动作	user action	/
用户确认	user validation	/
极少	remote	/
类似器械的市场数据	field data from similar devices	/
风险水平	risk level	/
组件	component	/
附件	accessories	/

中　　文	英　　文	参 考 来 源
部件	parts	/
非预期使用	unexpected use	/
患者	Patient	/
医疗卫生专家	health-care professionals	/
类似器械	similar devices	/
可获得性	availability	/
首批生产产品	Initial production units	/
初步设想的器械	Basic device	/
人因工程	human factors/Human factors engineer	/
研发原型机	Fabricated	/
实验室测试	bench testing	/
首次生产产品	Initial production runs	/
文献综述	literature search	/
单元销售评审	unit sales review	/
销售	distribution	/
产品/项目初始要求（PIR）策划文件	Product/Project Initiation Request (PIR) planning documents	/
项目审批表 PAF	project approval form PAF	/
产品性能要求/规范 PPR/PPS	product performance requirement/specification PPR/PPS	/
设计变更表	DCF design change form	/
风险管理计划 RMP	risk management plan RMP	/
DTC 设计转换检查表	DTC design transfer checklist	/
危险	Hazard	/
设计/过程验证	Design/process Verification	/

中　文	英　文	参　考　来　源
设计/过程确认	Design /process Validation	/
实验室测试/标杆分析法	Bench testing/ benchmarking	/
性能/功能要求	Performance/functional requirement	/
特征、特性	Characteristics	/
功能、作用,机理,起作用	Functions	/
人机接口/交互	Human interface/interface	/
评估	Evaluate/access	/
销售,分销,分发,营销	Distributing/Distribute/ Distribution	/
搬运	Handling	/
交付	Delivery	/
转换(设计开发环境下), 转移(其他语境下)	Transfer	/
医疗器械文件(MDF)	Medical Device File（MDF）	/
导管导引器	catheter introducer	/
上市前	pre-production	/
上市后	post-production	/
塑料试验等级	class plastics tests	/
临床试验	clinical trial	/
克隆效率测定	cloning efficiency assay	/
沟通技巧	communication skills	/
补体激活试验	complement activation testing	/
概念文件	concept document	/
并行工程模型	concurrent engineering model	/
合同协议	contractual agreements	/

中 文	英 文	参 考 来 源
传统喉镜	conventional laryngoscope	/
关键路径	critical path	/
关键路径法(CPM)	critical path method (CPM)	/
使用提取评估	using extracts evaluation	/
邻苯二甲酸二乙基己酯(DEHP)	DEHP (diethylhexyl phthalate)	/
索引相关任务	Index dependent tasks	/
关键要素	key elements	/
改进和优化	improvement and optimization	/
产品创意	product idea	/
子系统	subsystem citations	/
可行性阶段	feasibility phase	/
设计冻结	Design Freeze	/
设计历史文件(DHF)	design history file (DHF)	/
设计输入文件(DID)	Design Input Document (DID)	/
设计追溯矩阵(DTM)	Design Traceability Matrix (DTM)	/
医疗器械历史记录(DHR)	device history record (DHR)	/
医疗器械主文档(DMR)	Device Master Record (DMR)	/
工程变更指令单(ECO)	Engineering Change Order (ECO) form	/
工程变更通知(ECN)	Engineering Change Notice (ECN)	/
人因工程(HFE)流程	human factors engineering (HFE) process	/
间歇性正压呼吸(IPPB)	intermittent positive pressure breathing (IPPB)	/
宫内节育器(IUD)	intrauterine devices (IUDs)	/

续　表

中　文	英　文	参　考　来　源
美国食品药品监督管理局(FDA)	Food and Drug Administration (FDA)	/
故障模式和影响分析(FMEA)	failure mode and effects analysis (FMEA)	/
机构检查报告(EIR)	Establishment Inspection Report (EIR)	/
环氧乙烷(EO)	ethylene oxide (EO)	/
质量体系法规(QSR)	quality system regulation (QSR)	/
公认安全(GRAS)物质	Generally Recognized as Safe (GRAS) substances	/
医疗器械单一审核项目(MDSAP)	Medical Device Single Audit Program (MDSAP)	/
非处方(OTC)医疗器械	over-the-counter (OTC) devices	/
部分凝血活酶时间(PTT)测定	Partial Thromboplastin Time (PTT) Assay	/
项目评估和审查技术(PERTS)	program evaluation and review techniques (PERTs)	/
药品和医疗器械法案(PMD法案)	Pharmaceutical and Medical Device Act (PMD Act)	/
凝血酶原时间(PT)测定	Prothrombin Time (PT) Assay	/
法规事务(RA)	regulatory affairs(RA)	/
相对湿度(RH)	relative humidity (RH)	/
医疗器械唯一标识(UDI)	Unique Device Identification (UDI)	/
内毒素	endotoxins	/
医疗器械分类	medical devices class	/
优化变更	evolutionary changes	/
有效期	expiration date	/

续 表

中　文	英　文	参 考 来 源
外部聚焦	external focus	/
直接接触法	direct contact method	/
直接安全策略	direct safety strategy	/
差异	discrepancies	/
识别	Identification	/
做决定	make decisions	/
生物相容性评价	biocompatibility evaluation	/
检查技术	inspection technique	/
重新处理说明	reprocessing instructions	/
甘特图	Gantt charts	/
豚鼠最大化试验	Guinea pig maximization test	/
协调标准	harmonized standards	/
家用医疗器械	home use device	/
人为错误	human error	/
人因工程确认	human factors validation	/
亲水性创伤敷料	hydrophilic wound dressing	/
湿度	humidity	/
植入试验	implantation tests	/
纳入/排除标准	inclusion/exclusion criteria	/
间接安全策略	indirect safety strategy	/
工艺流程图	process map	/
项目审批	project approval	/
输入/输出可追溯性	Input/Output traceability	/
迭代过程	iterative process	/
标签要求	labeling requirements	/

中　文	英　文	参　考　来　源
市场营销	marketing	/
索赔	claims	/
合同	Contractual	/
变更要求	change requirements	/
医学专业	medical specialty	/
里程碑	milestones	/
多学科团队	multidisciplinary team	/
多个设计评审	multiple design reviews	/
非连续性呼吸机	noncontinuous ventilator	/
无法愈合的手术伤口	non-healing surgical wounds	/
优化过程	optimization process	/
包装	packaging	/
邻苯二甲酸酯	phthalates/phthalate esters	/
图片存档	picture archiving	/
策划技术	planning techniques	/
上市后设计变更	post-production design changes	/
上市后风险管理	post-production risk management	/
原发性皮肤刺激试验	primary skin irritation test	/
概率矩阵级别	probability matrix level	/
产品声明表	product claims sheet	/
设备接口	equipment interface	/
包装和标签	packaging and labeling	/
人体	physical	/
安全性和可靠性	safety and reliability	/

中　文	英　文	参　考　来　源
运输和储存	transport and storage	/
生产等效性检查表	production equivalence checklist	/
相关设置/使用环境要求	relevant setting/use environment requirement	/
可靠性	reliability	/
再加工	reprocessing	/
可重复使用的医疗器械	reusable medical devices	/
革命性变更	revolutionary changes	/
经验法则	Rules of Thumb	/
严重性矩阵级别	severity matrix level	/
医疗器械货架寿命	shelf life device	/
技术评审	technical review	/
温度	temperature	/
时间安排	time scheduling	/
气管造口管	tracheostomy tube	/
导管套	tube cuff	/
发布,放行	Release	/